白马篇

有主见的人
内心强大且自信

读者杂志社 编

读者出版社

图书在版编目（CIP）数据

有主见的人，内心强大且自信 / 读者杂志社编.
兰州：读者出版社，2025. 5. -- ISBN 978-7-5527
-0885-1

Ⅰ. B821-49

中国国家版本馆CIP数据核字第2025Q4Q615号

有主见的人，内心强大且自信

读者杂志社　编

总策划　宁　恢　王先孟
策划编辑　赵元元　张嘉轩
责任编辑　王宇娇
助理编辑　张孟妍
封面设计　苏锦治　江蕴屿
版式设计　甘肃·印迹

出版发行　读者出版社
地　　址　兰州市城关区读者大道568号（730030）
邮　　箱　readerpress@163.com
电　　话　0931-2131529（编辑部）　0931-2131507（发行部）

印　　刷　北京盛通印刷股份有限公司
规　　格　开本 710 毫米 × 1000 毫米　1/16
　　　　　印张 13　字数 202 千
版　　次　2025 年 5 月第 1 版
　　　　　2025 年 5 月第 1 次印刷
书　　号　ISBN 978-7-5527-0885-1
定　　价　59. 80元

目录

壹 外界的声音都是参考，你若不喜便不参考

我的人生不设限 / 曹旸旸　　　　　　　　　002

学会当一名领导者而非服从者 / 盐　粒　　　006

真正的领导力是做自己 / 万维钢　　　　　　009

你的人生，就藏在你的主见里 / 朱光潜　　　012

他人对你的看法毫无意义 /〔德〕叔本华　　　015

屏蔽外界的声音，第一个听众是自己 /〔日〕久石让　016

为什么越乖的孩子，路走得越艰难 / 油炸绿番茄　018

生命没有标准答案 / 王学富　　　　　　　　021

自己做决定，是一个人出众的开始 / 眼睛姑娘　026

先有自我，才无枷锁 / 林五岁　　　　　　　028

你是"一根筋"的人吗 / 杨尚雯　　　　　　　031

主见比顺从更重要 / 盐　粒　　　　　　　　035

贰

我生以悦己，而非为他人所困

不要害怕掉队 / 格 非　　　040

成熟，从不抱怨开始 / 苇 笛　　　045

好的孤独，成就更好的自己 / 胡 宁　　　047

能扛事，是一个人最了不起的才华 / 净 静　　　052

内心的强大比学历更能决定命运 / 长脚的风什么都知道　　　054

心里再苦，不打退堂鼓 / 小 虫　　　057

如何面对别人的批评？ / 淮 叙　　　061

我们为什么对"平凡"深怀恐惧 / 潜海龙　　　064

我不再假装拥有很多朋友 / 起司加白　　　067

成长是拥有敢于快乐的勇气 / 韩云朋　　　070

谢谢曾经孤军奋战的自己 / 王小青　　　073

打败过去，才能获得成功 / 张佳玮　　　076

我就是很努力，有什么好笑的 / 李开春　　　082

叁 我述我，不论平仄或正格

被困在讨好里的人 / 陈 峰　　　　　　　　086

靠讨好得来的朋友不是真正的朋友 / 艾 润　　090

那个乞求他人认可的孩子有多难 / 柳 似　　　095

你是否患了取悦别人的毛病 / 伍晓峰　　　　098

你不需要讨任何人欢心 / 李少年啊　　　　　100

不要总给别人撑伞，淋湿了自己 / 林小白　　103

自己做选择，比选择正确更重要 /〔美〕彼得·巴菲特　107

爱的第一页是爱自己 / 盐 粒　　　　　　　109

你可以拥有自己想要的生活 / 沈嘉柯　　　　113

去接纳自己的不完美 / 杨熹文　　　　　　　118

愿你内心丰盈，与时光落落为安 / 阿喵的卷耳猫　121

不要把时间浪费在抱怨上 / 赵蕊蕊　　　　　123

看见被生活"淹没"的自己 / 李 佳　　　　　126

肆

年少的光，不应掩于自卑之下

花儿不再躲在阴影下 / 病鹤斋　　　　　128

再卑微的人也有故事 / 李伟长　　　　　132

青春被虚荣烫了一个洞 / 花小鸭　　　　135

永远不要害怕尴尬和丢脸 / 巫小诗　　　141

不要轻易地否定自己 / 陶瓷兔子　　　　144

别让自卑遮住你原有的光芒 / 辉姑娘　　147

你配得上世间所有美好 / 李柏林　　　　149

有时候，你得学会主动接受自己的短板 / 左耶　　153

幡然醒悟的 15 岁 / 太子光　　　　　　155

我是如何走出低谷期的 / 婉兮　　　　　159

是沙子也会发光 / likelly　　　　　　　163

伍　允许自己出错，再带着遗憾拼命绽放

你不是平庸，只是没有发现自己的潜能 / 曹缦分　　166

努力得不到回报时，说明你在扎根 / 林五岁　　170

挫败不是结局，是下一程的起点 / 韩云朋　　173

你要允许自己失败 / 谷润良　　176

看不清未来，就比别人坚持久一点 / 伍晓峰　　180

总因失败感到焦虑怎么办 / 杨无锐　　185

在哪个时候，你选择与自己和解 / 晔 卡　　187

成长，就是成为自己的过程 / 刘 斌　　190

开始慢点，赢在终点 / 韩大爷的杂货铺　　194

做自己的太阳，何须借助他人的光 / 林一芙　　197

壹

外界的声音都是参考，
你若不喜便不参考

我的人生不设限

曹暘暘

我从小就有很严重的口吃，也就是结巴，说话经常很困难。因为从小口吃，在讲英语方面我受过打击，当众被老师和同学嘲笑。这导致我从一开始就对英语有恐惧心理，一直没有好好学习。

记得我大一的时候看英语四级卷子，基本上整张卷子都看不懂。当时我就想，如果能考过四级，拿到学位证就是万幸了。后来我决定出国留学，于是，英语就成为横在我面前最大的一座山，但我知道我必须越过去。

于是，我每天除了上课，就在自习室和图书馆背单词，一天背七八个小时。四级词汇书被我翻了20多遍，接着翻六级词汇，六级词汇也被我翻了20多遍，然后是雅思词汇。这期间我为了集中注意力，强迫自己在要走神的时候或者累的时候，拿出纸来抄单词，日复一日，从未间断。就这样过了两年，我通过了大学英语四级、六级和雅思考试。我本以为一段时间的努力终于得到了回报，但没想到这仅仅是开始。

问题就出在我的口吃上面。我说中文语速比较慢，很多词都说不出来。这个问题也体现在英语口语上，而且更加严重。

我在开始准备雅思考试的时候，报了一个英语口语培训班，老师都是外国人。记得第一次给我做测试的是一个英国老人，操着一口浓重的威尔士口音，他人非常和善、语速很慢。但我面对他的时候，几乎一个字也说不出来，我越努力想说，就越无法张开嘴，仿佛嘴巴被封上了。

那种巨大的挫败感是大部分人无法体会的。我花了两年时间，把全部的精力都集中在英语上，明明都能听懂，也都知道该怎么说，但最终却连一个小学生都不如。

这种体验就是你明明拼命学会的东西，到头来却无法使用，让人很痛苦。

虽然每一次开口说话时这种痛苦都存在，但是我绝不会妥协。于是我抓住一切机会，逼自己上台演讲，和外国人说话。

因为口吃，我从小就很内向，有时候很想表达自己的观点，但是不敢上台，不敢开口说话。在那段时间，我逼自己变得外向，不停地说话，就是为了克服口吃，能够把自己想说的话正常地、流利地说出来。

我也尝试过各种方法，比如唱着说、跳着说、手舞足蹈地说。我逼着自己上台用英语演讲，明明全身都在颤抖，声音也在发抖，浑身都是汗，一个单词要说很久，但是我仍然不断强迫自己走上台。尽管自己也觉得很丢脸，但是我一直都没有放弃尝试。

因为那时我只有一个信念，就是无论如何都要流利地讲英语，坚持说，哪怕只有一点点的进步。

后来我出国了，去了意大利，学习的专业是奢侈品管理，课堂上经常要做演讲。最频繁的时候一周要做三次演讲，而且经常是给合作的品牌创始人演讲。台下坐着五六十人，还有老师。一开始开口说话仍然十分困难，声音都在颤抖。

那段时间感觉孤立无援，身处异国他乡，每天面对陌生的环境、陌生的人，口吃带来的无奈和失望包围着我。于是我每天冥想、跑步，每天练习第二天要演讲的内容，每天和口吃做着没有尽头的斗争。

过了几个月，我终于发现，频繁的演讲让我有的时候居然可以讲得流利了，即使无法说出口的词，我也可以马上用别的同义词，甚至用不同的语法，调整语序说出来，而且做小组作业的时候，也基本上能和外国人无障碍地沟通。同时我发现，只要内容足够吸引人，哪怕我说得再慢，人们都会耐心倾听。

后来因为有兴趣，除了完成学校的课程和作业，我开始研究数据分析，每天徜徉在数据的海洋里。当时大数据被炒得十分火热，而数据分析需要对某一行业有深入的了解，我凭着硕士阶段的学习以及和老师、一些意大利品牌的创始人的沟通和交流，发现了数据对于未来时尚行业发展的价值。

那段时间我仿佛回到了高三，每天早上 5 点起床，研究数据分析、文本挖掘，自学了 SPSS（统计分析软件）、R 语言，搭配 Excel 每天分析数据。统计软件导出来的图表不好看，我就运用以前学的 PS 做数据可视化，就这样逐渐地完善自己的一整套基于时尚行业的数据分析方法。

虽然那个时候我的口吃依然存在，但是我的全部注意力已经被学习和研究的热情所占据，给外国人讲解讲到激动的时候，也会忘记口吃这件事。而且，自己也开始越来越注重谈话的内容。

就这样一直到毕业。

当时，意大利还处在金融危机之后一直没有缓过来的阶段，失业率居高不下，应届毕业生的失业率是 70%。学校的老师也说，外国学生，尤其是英语授课的人基本上找不到工作。当时，我已经准备收拾行李回国找工作了。

但是后来，教过我的一个老师在社交平台上面给我发私信，问我要不要去他的公司工作。我的口吃虽然比刚出国的时候减轻了一点，但是仍然一直伴随着我，时好时坏。但是在一次聚会上我发现，喝酒之后我居然可以把话讲得很流利，我很看重这个机会，于是在面试之前，酒量不好的我喝掉了一整瓶啤酒，晕晕乎乎地就去面试了。

面试很顺利，没有很严重的口吃。估计面试官也被我的酒气熏得够呛，但这对于我来说已经不重要了，因为我至少把自己想表达的都顺畅地说出来了。

于是，我拥有了人生中的第一份工作，在意大利做数据分析师。在那个公司，我开发了迄今为止第一个基于社交媒体表现和用户反馈的时尚奢侈品牌排名的算法，到现在为止，整个公司还在用这个系统服务意大利的奢侈品牌。

这期间，我的口吃并没有消失，而口吃带来的痛苦和挫败感也一直伴随着我，只是我不再过多地关注它了。

我终于明白，口吃不会消失，有可能会一直伴随着我，但是我已经释然了。我不再试图克服它，而是接受它的存在，然后活出自己的样子。

学会当一名领导者而非服从者

盐 粒

我曾以为，那些在人群中熠熠生辉的人，是命运的宠儿，他们在各个领域都表现出色。他们站在那里，每一个动作、每一个微笑都仿佛在指点江山，谈笑间自成一幅动人的画面，周围人的目光不由自主地汇聚于他们，犹如舞台上的聚光灯永远追随。而我，总是默默地跟随在他们的身后，期待着有一天，命运的天平也能为我倾斜，哪怕只是在舞台的边缘，也能让我拥有一席之地。然而，平凡如我，胆怯如我，总是顺从着他人的决定，始终不敢迈出成为焦点的那一步。

但渐渐地，我意识到，学会成为一名领导者远比仅仅作为服从者更重要。领导能力的培养并非一朝一夕之事，它需要契机与个人努力的完美结合，在一次次的实践中不断积累。

对我而言，那个契机出现在高二那年。我和好友玲共同参加了校园艺术节的班级歌唱节目。那时的我，躲在厚厚的刘海之后，害怕与人对视，寡言少语且胆小，但内心深处依然渴望着聚光灯下的那份耀眼。而玲，则与我截然不同，她自信大方，作为班长，她有着统筹大局的能力，仿佛天生就带着一份责任感。自从得知我喜爱唱歌后，她便鼓励我站在舞台上。在她的帮助下，我逐渐放开了自己，但内心深处，我依然习惯性地躲在她的身后，依赖着她。

然而，正式演出的通知却像一场突如其来的夏季暴雨，急匆匆地定在了四周之后。这让我们措手不及，但还好有玲在。她温柔而有条不紊地安排着排练时间和进度，让我们的心逐渐平静下来。然而，在距离演出仅剩两周的时候，玲被通知参加西安交通大学大少年班的复试，她不得不放下组织节目的重任。而这个重任，竟然意外地落到了我的肩上。

这对于我来说是一个巨大的挑战，毕竟我一直习惯于顺从玲的安排。但这也仿佛是上天赐了的一个机会，一个让我站在聚光灯下的机会。然而，当我真正成为领导的核心时，我却有些不知所措。我开始担心自己的能力是否足以领导大家，担心有人会不听从我的安排，担心在发生冲突时我该如何应对。

我从排练室窗子的玻璃反射中隐约看到自己，整个人包裹在肥大的校服里，镜面上的光线昏暗。我不想再活在玲的阴影下，像个影子一般地躲在暗处。于是，我鼓起勇气，结结巴巴地提出了自己的安排。出乎意料的是，她们并没有争执，只是默默地点了点头。

但领导能力并非与生俱来的天赋。我虽然渴望成为领导者，但过于急切。为了最终的演出效果达到完美，我不断思索着如何安排排练。然而，我的神经过于紧绷，学业的压力加上组织排练的压力让我疲惫。在一次排练中，当我再次唱错歌词时，心中的防线终于崩溃，我语无伦次，泪水如洪水般涌出。

但她们并没有责怪我，只是搂过我，拍着我的肩膀说："慢慢来，不要急，还有我们。"那一刻，我突然意识到，领导并不是孤军奋战，而是需要团队的信赖和支持。有了她们的信赖和支持，那些居于中心位置带来的困难似乎也没那么可怕了。我逐渐适应了领导者的角色，与团队成员们一起欢笑、排练、讨论细节。

正式演出的日子终于到来。当我们从后台登上舞台时，我看到那个梦幻般的舞台在聚光灯下熠熠生辉。虽然紧张，但我们彼此鼓励、相互支持。最终，我们成功地完成了演出，现场的气氛达到了高潮。汗水打湿了我们的头发和衣衫，但我们的笑容在灯光下更加耀眼。

　　演出结束后，日子依旧如往常一般平静。但不同的是，我从玲手中接过了文艺委员的职位，也承载了那份值得站上舞台的信任。至此，我深刻体会到，聚光灯下的领导者从来都不是孤芳自赏的个体，而是像迎春花一样先行入春，然后带领着似锦繁花共同描绘春天的美景，这才真正诠释了"万紫千红总是春"的深刻内涵。

真正的领导力是做自己

万维钢

怎样做一个真正的大人物？哥伦比亚大学商学院教授希滕德拉·瓦德瓦在《内部掌控，外部影响》里特别引用了达·芬奇的一句话："你永远都不会有比对自己更大或者更小的支配权。"就是说，你得有一个强大的精神内核。你能在多大程度上掌控自己的内心，才能在多大程度上支配外部事物。

有个青年女化学家叫芭贝特，她所在实验室的老板叫戈登。戈登是行业大牛，但是脾气不好。有一次，芭贝特找戈登讨论前一天交给他的论文，戈登一见面就说："你这篇论文纯属垃圾，我已经扔在垃圾桶里了。"

一个小人物被老板这样批评，该怎么办？芭贝特接下来的这段话，可以写进教科书。

芭贝特说："我写得的确不行。我每次读您写的论文，总会想您怎么能写得如此清晰明了，这也是我想要跟您一起工作的原因。去年秋天您给我提供这个职位的时候，我真的太兴奋了。咱们现在这项研究成果非常重要，如果我这篇论文能写好，可能会产生巨大的影响。论文已经这样了，您看看能不能给我一些建议？我想跟您学习怎么把论文写好。"

戈登态度立马好转，把论文从垃圾桶里翻出来，跟芭贝特一起修改。

我们从芭贝特这段话里至少能找到 5 个谈话技巧。第一，先用认同提醒"对方咱们是一伙儿的"；第二，表达赞赏，调动情感力量；第三，帮对方看到事情的另一面，虽然论文写得不好，但研究做得不错；第四，重申双方共同的价值观，都是为了让论文产生影响力；第五，提出具体行动方案，以此建立起共同成长的伙伴关系。

你可能很熟悉"谈判技巧""非暴力沟通"等谈话技术，但这些都不是最重要的。我们真正应该注意的是，在这番对话中，芭贝特和戈登两个人，究竟是谁在领导谁？

答案显然是芭贝特在领导她的老板戈登。这就是领导力。领导力比的不是岗位指令顺序，而是内核的大小。芭贝特真正了不起之处并不在于她使用了哪些话术，而在于她内心强大，可能比戈登还要强大。

瓦德瓦有个女学生，13 岁的时候得了一场重病，在医院里等待手术。有一天，医生将她的父亲叫到病房外，说了两个坏消息：第一，你女儿的病情已经非常严重，原计划一星期之后的手术必须得提前到今天晚上；第二，医院出现了一个状况，没法给孩子提供麻醉，手术只能在没有麻醉的情况下进行。

没有哪个父亲受得了这样的打击，但是回到病房，父亲带给女儿的却是两个好消息：第一，医生说今天就可以做手术了，不用再等一星期，这意味着 3 天之后你就能出院回家了！第二，医生们一直在观察你，他们认为你是最勇敢的少女，所以手术甚至不需要麻醉！

很多年以后，女孩才知道这番话背后的真相。她早就忘了当年自己是如何经历那场手术的，但是她永远都记得父亲给她带来的两个好消息。

这是广义上的领导力。领导力不是说你非得指挥谁、调动多少资源，也不一定是使用什么套路或者权谋。领导力是你能不能、敢不敢让人或事情产生积极的改变。

　　真正的领导力是做自己。多数人都是按剧本走，别人安排什么就干什么，那等于是工具人；只有当你跳出剧本，表现出主动性的时候，你才算活出了自己。

你的人生，就藏在你的主见里

朱光潜

对人生，我有两种对待的方法。在第一种方法里，我把自己摆在前台，和世界上的一切人和物在一块玩把戏；在第二种方法里，我把自己摆在后台，袖手看旁人在那儿装腔作势。

站在前台时，我把自己看得和旁人一样，不但和旁人一样，并且和鸟兽虫鱼诸物也都一样。人类比其他物类痛苦，就是因为人类把自己看得比其他物类重要。人类中有一部分人比其余的人苦痛，就是因为这一部分人把自己看得比其余的人重要。比如穿衣吃饭是多么简单的事，然而在这个世界里居然成为一个极重要的问题，就因为有一部分人要亏人自肥。再比如生死，这又是多么简单的事，无数人和无数物都已生过来死过去了。一只小虫让车轮轧死了，或者一朵鲜花让狂风吹落了，虫和花自己都不计较或留恋，而人类则在生老病死以后偏要加上一个"苦"字。这无非是因为人们希望造物主待他们应该比草木虫鱼更优厚。

因为如此着想，我宁愿把自己看作草木虫鱼的侪辈，草木虫鱼在和风甘露中是那样活着，在炎暑寒冬中也还是那样活着。像庄子所说，它们"诱然皆生，而不知其所以生；同焉皆得，而不知其所以得"。它们时而戾天跃渊，欣欣向荣；时而含葩敛翅，安然蛰处，都顺着自然所赋予的那一副本性。它们决不计较生活应该是如何，决不追究生活是为着什么，也决不埋怨上天待它们刻薄，让它们供人类宰割凌虐。对它们来说，生活自身就是方法，生活自身也就是目的。

根据草木虫鱼的生活，我得出一个经验：我不在生活以外另求生活方法，不在生活以外另求生活目的。世间少我一个，多我一个，或者我时而幸运，时而受灾祸侵逼，我认为这都无伤天地之和。你如果问我，人们应该如何生活才好呢？我说，就顺着自然所给的本性生活着，像草木虫鱼一样。你如果问我，人们生活在这变幻无常的世相中究竟为着什么？我说，生活就是为着生活，别无其他目的。你如果向我埋怨天公说，人生是多么苦恼啊！我说，人们生在这个世界并非来享福的，所以那并不算奇怪。

这并不是一种颓废的人生观。你如果说我的话带有颓废的色彩，我请你在春天到百花齐放的园子里去，看看蝴蝶飞，听听鸟儿鸣，然后再回到十字街头，仔细瞧瞧人们的面孔。你看谁是活泼，谁是颓废？请你在冬天积雪凝寒的时候，看看雪压的松树，看看站在冰上的鸥和游在水中的鱼，然后再回头看看遇苦便叫的那"万物之灵"，你以为谁比较能耐苦持恒呢？

以上是我站在前台对人生的态度。但是我平时很喜欢站在后台看人生。许多人把人生看作只有善恶分别的，所以他们的态度不是留恋，就是厌恶。我站在后台时把人和物也一样看待。我看西施、嫫母、秦桧、岳飞也和我看八哥、鹦鹉、甘草、黄连一样；我看匠人盖屋也和我看鸟雀营巢、蚂蚁打洞一样；我看战争也和我看斗鸡一样；我看恋爱也和我看雄蜻蜓追雌蜻蜓一样。因此，我只觉得对着这些纷杂扰攘的人和物，好比看图画，好比看小说，件件都很有趣味。

这些有趣味的人和物之中，自然也有一个分别。有些有趣味，是因为它们带有很浓厚的喜剧成分；有些有趣味，是因为它们带有很深刻的悲剧成分。

我有时看到人生的喜剧，也看到人生的悲剧，悲剧尤其使我惊心动魄。许多人因为人生多悲剧而悲观厌世，我却以为人生有价值正因其有悲剧。我们所居的世界是最完美的，就因为它是最不完美的。这话表面看去，不通极了，但是实含有至理。假如世界是完美的，人类所过的生活——比好一点，是神仙的生活，比坏一点，就是猪的生活——呆板单调已极。因为倘若件件事都尽美尽善了，自然没有希望发生，更没有努力奋斗的必要。人生最可乐的就是活动所生的感觉，就是奋斗成功而得的快慰。世界既完美，我们如何能创造成功的快慰？这个世界之所以美满，就在于有缺陷，就在于有希望的机会，有想象的田地。换句话说，世界有缺陷，可能性才大。

悲剧也就是人生的一种缺陷。它好比洪涛巨浪，令人在平凡中见出庄严，在黑暗中见出光彩。假如荆轲真正刺中秦始皇，林黛玉真正嫁了贾宝玉，也不过闹个平凡收场，哪能叫千载以后的人唏嘘赞叹？以李白那样的大才，偏要和江淹戏弄笔墨，做了一篇《拟恨赋》，和《上韩荆州书》一样庸俗无味。人生本来要有悲剧才能算人生，你偏想把它一笔勾销，不说你勾销不去，就是勾销去了，人生反更索然寡趣。所以我无论站在前台或站在后台时，对于失败，对于罪孽，对于殃咎，都是一副冷眼看待，都是用一个热心称赞。

他人对你的看法毫无意义

〔德〕叔本华

每一个人首先是并且实际上确实是寄居在自身的皮囊里的，而不是活在他人的见解之中。因此，我们现实的个人状况受到健康、性情、能力、收入、配偶、孩子、朋友、居住地点等因素的影响，对于我们的幸福，其重要性百倍于别人对我们随心所欲的看法。

人们拼命追逐官位、头衔、勋章，还有财富，其首要目的都是为了获取别人对自己更大的敬意。甚至人们掌握科学、艺术，从根本上也是出于同样的目的。

我们对于他人看法的注重，以及我们在这一方面的担忧，一般都超出了合理的程度。我们甚至可以把这视为一种普遍流行的，或者毋宁说，是人类与生俱来的一种疯狂。

我们必须清楚：人们头脑里面的认识和见解，绝大部分都是虚假、荒唐和黑白颠倒的。因此，这些见解本身并不值得我们重视。

一旦不再担心和注重别人的看法，那些奢侈、排场十之八九马上就销声匿迹。

屏蔽外界的声音，第一个听众是自己

〔日〕久石让

　　无论是个人、工作，还是感情，没有任何一样东西是永恒不变的。保持这种想法，能让你拥有非常开阔的视野。

　　棒球选手在击球前需要做判断——挥棒前做判断的时间短至零点零几秒，这个瞬间的判断若能与选手的身体状况取得协调是最好不过的事。某一年选手的身体状况非常好，打击率在 0.3 以上，也当上了头号击球手，但是到了下一个赛季，即使感觉自己仍维持着相同的状态，视力或其他身体状况还是会出现一些微妙的变化。如果不时时针对这种变化做修正，选手就无法一直维持好的状态。

　　作曲家呈现的状况类似于棒球选手的状况。

　　作曲家创作出的音乐若想让人愿意聆听，非常重要的一点就是得让身为头号听众的自己感到喜悦。如果他交出的作品连自己都无法打动，更别说打动广大听众了。

　　因此，作曲家的目标应时时放在创作能让自己感到兴奋的作品上。然而，这种兴奋并不是一味地自吹自擂，觉得"很好""我喜欢"，而是将自己脑中理性的思考、感性的部分，以及从电影或绘画等作品中得到的感动都运用于创作。每一天、每一年，人的状态都会改变。在每个时间点上，自己期望的表现方法也会有所改变。在创作条件随时都在变化的环境里，作曲家应一边摸索着创作途径，一边思考该如何呈现好的结果与音乐。

我常常在想，音乐绝对无法为我带来幸福。这种想法让我感到苦恼、困惑。不过，即便如此，我也不会放弃音乐。

从原本空无一物到创作出音乐，那一瞬间的幸福是任何事物都无法比拟的。

为什么越乖的孩子，路走得越艰难

油炸绿番茄

这一年我接触了十几个不幸福的女读者，她们来找我倾诉，开场白总是惊人的相似："从小到大，我就是那种典型的乖乖女。"

如果乖的层面只停留在得体、有教养、尊重他人，那么乖孩子的确是完美的范本、教育的目标。不过可惜的是，更多的父母对乖孩子的标准要求是安静、顺从，甚至对长辈言听计从，从不给家里添麻烦。

这类孩子最大的"优点"就是"省心"，不顶嘴、不抬杠，家长绝不会担心放学被老师留下，考大学、挑专业、选工作全听你安排，甚至嫁人都是你亲自把关过的。你摇头的事，他们绝不敢提第二次。

孩子太乖太懂事，甚至连叛逆期都没有过，真的是一件好事吗？当然不是。

人一生会有两次叛逆期，一次是幼儿期叛逆，一次是青春期叛逆。

处在两个叛逆期的孩子都会出现成长和发展的超前意识，第一叛逆期的儿童具有"长大感"，第二叛逆期的少年具有"成人感"。

一次是从身体上觉得自己长大了，一次是从心理上觉得自己独立了。第一次叛逆让孩子学会对自己身体的掌控，第二次叛逆让孩子拥有独立的人格和思维能力。

叛逆期的孩子，可能会做出很多"出格"的事情。你需要做的不是否定孩子的叛逆，而是聚焦叛逆期出现的不良行为，并加以纠正引导。有些家长不能正视叛逆现象，毫不掩饰地表达失望："你以前很乖的，现在怎么变成了这个样子？"这才是对孩子最大的伤害。

叛逆期不是洪水猛兽，而是成长的必经阶段。

孩子叛逆是因为他们想成为大人，想要证明自己，追求和大人一样的平等、独立和被重视。只有经历过迷茫、冲动、挣扎、反抗，才能成长。

再回首，我们甚至会讨厌那个时期的自己，没钱又没脑，空有一腔热血，但也正是曾经的那个"我"，成全了今天的这个"我"。叛逆是茧，破茧才能成蝶。一个孩子跳过了叛逆的阶段，就失去了真正成长成熟的机会，早熟的人最晚熟。

乖孩子的养成大概分两类。第一类是被强行纠正的。当孩子想要一件在父母看来不应该得到的东西时，多少父母是用暴力解决问题的？这是最传统的中国式教育。棍棒底下出的不是孝子，是顺子。恭喜你，成功培养出了"乖孩子"。

蒙台梭利女士就曾经专门写过文章：

如果孩子们给你的回应是愤怒、反抗，结果反而更好一些，至少表示他们已经具备了自我保护的能力，今后的发展也许就会很正常。可如果他们以改变性格或非正常的方式来回应，就可能是受到了比较严重的创伤。

这类孩子长大后往往畏惧权威，胆小怕事，缺少反抗能力，习惯性取悦讨好别人，心理承受能力很弱。

第二类是从小被忽视的。这样的孩子天生安静、迟缓、守纪律，喜欢默默待在角落，不擅长表达自己的内心。他们是最容易与家长和老师建立良好互动关系的对象，但他们的感情需求最容易被忽视，使得其内心的冲突得不到关注与解决，更容易导致心理问题。

可是偏偏对这些"省心"的孩子，老师和家长却浑然不觉，甚至以此为傲。

不怕孩子调皮叛逆，就怕他太乖。教育绝不能够"会叫的孩子有奶吃"，越乖的孩子越不容忽视，要给每个孩子充分表达的空间，鼓励他们打开内心世界，拥有独立的人格。

我很乖，不代表我不需要被爱。每一个乖孩子的内心，都有一个被困住的灵魂等待你去解救。

孩子，你不可以坏，但是千万别太乖。

生命没有标准答案

王学富

昨天，读初中的儿子放学后向同学借了一辆自行车，从位于市中心的学校骑车回到市郊的家。他骑行 25 公里，穿越半个南京城，又经过一段郊区路，最终回到家里。因为是一辆旧自行车，途中链条时而脱落，他几度下来重装。回到家时，他的妈妈看到他一手的油。

他骑车回家的表面理由是：放学时发现口袋里没钱搭车了。但这个行为的真正动机却是出于一种少年激情，一种冒险的冲动。

儿子的这个行为得到了妈妈的赞赏。他妈妈一直觉得儿子非同一般，对儿子说："儿子真有勇气，凭你这样的勇气，有什么事不能做好！"

我赞赏儿子，更赞赏他妈妈。

由此，我想起儿子读幼儿园时发生的一件事。那天课上，老师讲了一个故事，教育孩子们要讲礼貌。

故事说：冬天到来之前，小松鼠在树洞里贮存了许多食物。冬天来了，小松鼠邀请小白兔到家里来做客，拿出小白菜和胡萝卜招待小白兔。

故事讲到这里，老师问："小朋友们，小白兔要对小松鼠说什么？"

孩子们一致回答："谢谢。"

只有一个孩子不是说"谢谢"，而是问小松鼠："你还有什么？"

这个小朋友，就是我儿子。

显然，他的回答出乎老师意料。老师就指着我儿子对其他小朋友说："这个小朋友很贪心，不讲礼貌！"

小朋友们一致说："是！"

但是，这不是"贪心"，而是孩子的"好奇心"。

我们常说，要培养孩子的创造力，却不知道创造力是从好奇心里长出来的。可惜，我们的教育常常不自觉地压抑孩子的好奇心，压抑孩子看似与众不同的表现。

独特性被压制

每个人生来就是独特的，但是，当一个人生下来，迎接他的文化有太多的"一致性"的要求，这会压缩孩子成长的"独特性"空间，他的创造力也一并被压抑了。

一位幼儿园老师曾经这样告诉我：在幼儿园里，如果一个班上的孩子循规蹈矩、整齐划一，上级领导来检查的时候，就会赞扬这个班上的孩子，赞扬带这个班的老师。而在另一个班上，老师用自然的方式带孩子，领导来视察的时候，看到孩子们在教室里玩耍，自由自在地走来走去，领导会提出批评，说：太散漫了。

但是，这位幼儿园老师说，前面一个班的孩子中总有人会憋着大小便，不敢对老师说，后面一个班的孩子不会压抑自己自然的需求。

这看起来是件小事，却有着重要的区别。

规则训练是必要的，但是，过于强调整齐划一、安全，过于要求孩子听话、顺从，就可能影响孩子的自然成长，甚至造成压抑和损伤，使孩子不敢表现自己的独特性。

什么是独特性？它至少包括两个方面：一个人生来就与众不同，一个人敢于活得与众不同。

据研究，孩子在两岁的时候就开始有了明显的自我意识，他开始意识到，自己跟母亲是分开的，跟环境是分开的，是一个单独的个体，并且要表现出自己跟别人不一样的一面。这就是一种独特性的需求。

而我们的文化心理渗透着这样的观念："枪打出头鸟""出头的椽子先烂"。我们的文化和教育缺乏对"不同"的容忍、认可、欣赏和培育。

神经症的根源

"如果所有人都像你这样，这世界会成什么样子！"如果我们的某个言行被认为是错误的，我们常常会听到老师、家长或周围的人对我们这样说。这句在很多场合都听过的话让我印象深刻，并知道其潜在的"威胁性"。其中的逻辑是，如果我们做出什么与众不同的行为，那是危险的、可怕的；我们只有跟别人一样，才会安全。

当我了解了我们文化里无处不在的威胁性因素，我也更好地理解了神经症的根源。人们患上不同类型的神经症，最初往往是觉得自己的某一个行为（想法、情绪、行动）是异常的，对其感到害怕，试图暗自消除它。当我们发现自己一下子消除不了，就会变得更加害怕它，这种害怕后来甚至成了焦虑——有人说，焦虑是"对恐惧的恐惧"，陷入这种心理状态的人不知道自己在害怕什么，却有一种灾难将临的恐慌。

举一个例子。有一个师范大学的学生，在毕业之前到一所学校去实习。有一天，他上课的时候念错了一个字。他感到很恐慌，担心自己的表现受到不好的评价，影响他毕业之后找工作。接下来，他内心把自己这个小小的错误变成了一场灾难——在他的想象里，那天来听课的学生会把这个字念错，他们长大了又会影响周围的人，这样下去，一传十，十传百，导致所有的人都把这个字念错，而他就是罪魁祸首。

许多人会把一个私人行为蔓延成一场灾难。那个大学生那么做，并非出于偶然。当我们去了解症状的根源时会发现，当事人在成长过程中遭受了过多的威胁和压抑，以至于他内心形成了一个大而深的恐惧源。一个人在生活中缺乏创造的勇气（虽然他一点都不缺乏创造力），就把创造的活动转化为另一种方式去进行，结果制造出来的是"症状"。

不做赝品

一个人要成长，需要有勇气坚守自己的独特性，并与压抑自我的因素战斗。这种反抗行为被人称为"叛逆"，合理的叛逆对于一个人的成长是必要的。我曾遇到一位心理学家，他把孩子成长中的叛逆称为"小鸟试翅"。

不敢试翅的小鸟一直待在窝里，无法成为能够飞翔的鸟。没有经历过反抗的孩子，很难有勇气和能力成为自己。当我们有了勇气，我们就敢于活得真实，活出真实的自己。这就应了陶行知的话：千教万教，教人求真；千学万学，学做真人。

因此，在孩子的教育方面，当孩子做出某种非同一般的行为的时候，不要急于作负面的评价，更不要强制他们改变。父母、老师需要让自己的心变得柔软、宽容，去理解、接纳、欣赏和支持孩子们，帮助他们确认自己。

父母不一定永远要赢，有时候我们可以输给孩子。那些征服了孩子的父母，也可能是失败的父母。

有一个年轻人前来寻求帮助，我发现，这是一个被父亲征服（又自幼被母亲过度保护）的年轻人。虽然心理问题的背后有复杂的原因，不能过于简单地归因，但父亲对儿子的压制与当事人的心理症状存在本质的关联：他的父亲是一个"成功者"，永远看不起自己的儿子。儿子上初中的时候，因为一次考试成绩不好，父亲把儿子的书本撕碎了。那个夜晚，这个孩子把父亲撕碎的书从垃圾箱里找回来，在自己的房间用胶带把书粘起来，第二天带着粘起来的书去上学，仿佛这件事没有发生过。这位父亲永远不会明白，他撕掉孩子书本的同时，也损伤了孩子的自我。

我想到一句话：每一个人生下来都是"原创"，长着长着就成了"赝品"。在这个世界上有许多人，因为各种各样的原因，他们的生活故事还没有机会展开，就销声匿迹了。要让人生真正开化结果，我们最需要的是敢于与众不同的勇气。但是，勇气是要培育的。

我有两个期待，一个是对个体的期待，就是活出独特的勇气；一个是对公众、文化和教育的期待，给每一个个体留下独特成长的空间。因为生命没有标准答案。

自己做决定，是一个人出众的开始

眼睛姑娘

我曾经是一个在大事上非常没有主见的人。高一文理分科的时候，我哥建议我选理科，他说读理科出来选择更多、机会更多，我听了点头如捣蒜。

我害怕自己做决定，因为我害怕承担决策失误所带来的后果。如果有人能够以"过来人"的身份给我建议，我会非常乐于接受。

可当我踏进理科班，开始跟物理、化学死磕并且成绩一直不见起色时，我无比后悔当初没有选择文科，因为文科才是我的强项。那是我第一次意识到，别人的建议不一定适合自己。

填报高考志愿的时候，家人让我自己决定，我看着一堆专业名词头昏脑胀。于是我又一次把人生的决定权交到了他人手上，我咨询老师，咨询学长，咨询亲戚朋友……

向别人咨询越多，面临的选择越多，我愈加迷茫，还好一个学长点醒了我："别人的建议只是参考，最后还是要你自己做决定的。"

想起之前文理分科时的经历，我对这句话深有感触，也意识到自己已经是一个成年人，需要为自己的选择负责。

于是我开始对着专业表进行筛选，排除了一些我的分数上不了的专业，以及一些我不想上的专业，最后选择了保险学（风险管理与精算）。我当时只想着哪个专业热门，哪个专业毕业后的就业率和薪水比较高，但没有详细了解每个专业究竟要学习哪些科目，而那些科目是不是自己喜欢的，是不是适合自己。

而我也为自己这个草率的决定付出了代价。当我在微信朋友圈看到别人哭喊高数很难的时候，我只能看着比高数更难的寿险精算模型、非寿险精算模型仰天长叹；当我在大学语文课堂上找回久违的怦然心动的感觉时，我开始思考，如果我高中的时候选了文科，大学的时候读了中文专业，是不是会过得更快乐。

痛定思痛，我告诉自己：如果你不能为自己的人生负责，生活也不会对你负责。从那个时候开始，不管是生活中的大事还是小事，我都会尽量慎重做决定。遇到不明白的地方，我会先在网上查找各种资料，剩下实在无法理解的，就去请教别人。

在这个过程中，我慢慢感受到自己有了一些变化，可以更冷静地看待别人给我提的建议了。以前别人的建议跟我的想法发生冲突时，我会倾向于听从别人的建议，而现在我会选择听从自己的内心。

我越发喜欢自己做决定的感觉了。原来自己做决定是会上瘾的。

当看到自己喜欢的东西，可以不用问别人的意见而爽快地去买的时候；当遇到自己不喜欢做的事情，可以不用担心外界压力而勇敢地拒绝的时候……我才发现，能够自己决定的人生，真的很畅快。

最后，我想用电影里的台词作为本文的结尾："愿你在被打击时，记起你的珍贵，抵抗恶意。愿你在迷茫时，坚信你的珍贵。爱你所爱，行你所行，听从你心，无问西东。"

先有自我，才无枷锁

林五岁

你是否曾经有过这样的体验？当你全心全意地投身于某项活动时，总会有那么一个人，甚至几个人，跳出来指出你的不足，批评你的表现。面对这样的情境，你是否会动摇？

自幼年起，我就对唱歌怀有浓厚的兴趣。父母见我天生嗓音洪亮，认为我或许是个唱歌的好苗子，便送我去学习声乐。某次，我在家中练习时，姐姐突然对我说："你能不能别唱了，真的很难听。"这是我第一次听到这样的评价，一时竟无言以对。我真的唱得很难听吗？在此之前，我还为自己那足以穿透整栋楼的音量而沾沾自喜呢！难道整栋楼的人都会觉得我唱得难听？自那以后，我再也不敢在家中练唱了。

上小学时，学校举办了一场"班班有歌声"的比赛。排练时，我全力以赴地演唱，希望能为班级赢得荣誉。然而，放学时，我最好的朋友却对我说："你下次排练时，声音小一点，而且你那样唱真的不好听。"我已不记得当时自己是如何回应的，但愣在原地、手足无措的情景仍历历在目。第二天，老师让大家推选领唱，而我并未被选中。从那以后，我再也没有在学校练过歌。

周末上课时，老师在我唱完后问道："怎么还唱成这样？回去都没练习吗？"我畏首畏尾，不敢放声高歌。外界的声音从未停歇，每一句质疑都如同沉重的枷锁，束缚着我的手脚，甚至扼住我的喉咙，让我动弹不得，发不出声音。直至将我整个人笼罩在无尽的黑暗中，让我动弹不得。每当我开口唱歌时，都会格外在意旁人的眼光，哪怕是一丝不适、嘲讽或厌恶的眼神，我都能敏锐地捕捉到，尽管那可能并非他们的本意。当枷锁将你牢牢困住时，那些否定的声音就会在耳边不断回响，就连你自己也会开始怀疑自己：我真的不行吗？

然而，学习任何技能，不都是从不熟练到熟练的过程吗？初学小提琴的孩子，可能会被人嘲笑为在锯木头；刚开始学画画的孩子，作品可能被人说像鬼画符；就连刚学会走路的小孩，也可能被人说像小企鹅。但这一切只是因为才刚刚开始啊！可当时年幼的我，自我意识尚在萌芽阶段，根本无力思考到这一点，只能任由这些枷锁将我牢牢束缚，甚至意识不到这些枷锁是可以挣脱的！

幸运的是，我遇到了一个女孩。她是我见过的最自信、最有主见的女孩。她同样会听到那些不悦耳的声音，但我从未见过她为此而烦恼。我好奇地问她："你怎么这么厉害，别人说什么都影响不了你？"她微笑着回答："他们根本不了解这件事，也不了解我。我知道自己该做什么，该怎么做，无须向他们解释。我只要做我自己就好。"

她说这句话时，整个人仿佛都在发光。而我，眼中满是羡慕。这样自信的女孩，又怎能被外界的枷锁所束缚呢？我向往这样的自我，这份向往竟逐渐汇聚成一股力量，让我挣脱了一条又一条锁链，让她的光芒照亮了我。她也经常鼓励我、开导我，让我明白：自信的"我"，自带光芒！就这样，我一点一点地卸下了曾经的负累，终于迎来了这个虽然迟到但终究属于我的自我！

如今的我，依然热爱唱歌。尽管偶尔还是会听到"唱得不好"这样的评价，但那又如何？喜欢我的人自然会来欣赏我，不喜欢我的人我也无须解释。我只要做我自己就好！当外界的声音再次响起时，我学会了先屏蔽它、批判它、战胜它。渐渐地，这些声音变得微不足道，最终销声匿迹，再也无法威胁到我。

我也不会去责怪那个曾经因为外界的质疑而伤心不已的自己。因为懊悔是比一切都沉重的枷锁，它会生生拖住你的脚步，让你无法再向前迈进。自我是完整的"我"，而不是完美的"我"。只有拥抱自己的缺点和不足，才能更加自由。曾经的我虽然怯懦，但那只是因为还不懂得如何面对这些声音罢了。现在我懂得了，一切都不算晚。

当然，拥有自我并不意味着忽视自己的不足。其实，承认一些缺点和不那么阳光的想法是很难的。但当你羞于坦诚面对这些不好的一面时，无形中又给自己悄悄锁上了一副枷锁。只有诚实地面对这些不足和缺点，才能找到改进的方向，才会知道该做些什么。对于那些暂时无法解决的问题，不妨与它们和解，接纳它们的存在。

人们往往喜欢询问别人的意见，但在询问之前，其实内心往往已经有了答案。人们总是渴望寻求他人的认可，希望自己的选择与大多数人相同，以此来获得安全感。毕竟，作为少数人往往需要承受更多的压力。倘若答案不尽如人意，人们势必会再次权衡利弊。但更重要的是，要仔细倾听自己的心声。如果答案没有改变，那就勇敢地去做吧！发生过的一切，都不过是在塑造这个完整的"我"。走过的每一步，都不算被辜负。

只有拥有自我、拥抱自我，才能无惧枷锁、不再被束缚！还记得最开始的问题吗？如果你的答案是肯定的，那么我希望我的故事能给你一些力量，让你挣脱那些遮住你光芒的枷锁，哪怕只是一点点。当你卸下最后一根枷锁时，你将能够潇洒地面对一切！

你是"一根筋"的人吗

杨尚雯

每当隔着门板听见"廖廖，你整天就知道摆弄你那破毛线"，我便知道，已经到了那扇最熟悉的家门前。推开门，迎接我的总是父母对妹妹那亘古不变的抱怨：这个女儿没救了，恐怕要和毛线窝窝囊囊过一辈子了。而此刻的廖廖，或是紧闭房门，或是任由门敞开着，对门外连绵不绝的念叨声充耳不闻。她迎着窗边柔和的光线，只留下一个依稀可见手肘规律摆动的背影，如同雕塑般一动不动，画面既萧瑟又坚韧，活脱脱一位踽踽独行的孤胆英雄。

我的妹妹廖廖，自小学五年级在手工课上偶然接触到毛线编织后，便仿佛找到了人生的挚爱。那时我们还年幼，以为这只是小孩子的一时兴起，或许明天她就会迷上唱歌跳舞、花花草草，或是沉浸于漫画小说中，像其他孩子那样丰富而"多情"地尝试各种新事物，拥有一个多姿多彩的童年、少年，乃至青年时代。廖廖后来在我们的引导下，也曾间歇性地报过各种兴趣班，尝试过拼图、电子琴、演讲等，但这一切尝试最终都让我们对她多才多艺、智力超群、伶牙俐齿的期待一一落空。因为不管报的是哪个班，去接她时，总会看到她蹲在手工班门口，用别人剩下的边角料毛线专心致志地编织。

她对毛线编织有着超乎寻常的执着。在亲戚邻居的印象中，廖廖总是"低着头，戴着一副大眼镜，镜片里反射着一截正在编织的毛线"；一家人出门散步时，她亦步亦趋地跟在众人身后，手里还缠着毛线；送她上学时，她在后座安静地钩织着毛线；家庭聚餐结束后，众人离场，唯独不见廖廖，原来她正坐在隔壁房间打毛线；半夜发现廖廖房间的灯还亮着，打开门一看，她刚写完一套卷子，便从抽屉里喜笑颜开地掏出一卷毛线……这样的情景一直持续到她念中学，尽管学习任务繁重，但她除了正常的学习时间外，业余时光仍然全情投入毛线编织中，仿佛世界上根本不存在其他事情。除了必须承担的责任外，廖廖的人生里充满了茸茸的毛线球，她对其他事物不为所动。

为此，父母召开了无数次家庭会议，亲戚朋友也时常参与进来。这些以廖廖为中心的劝解大会，往往会从"打毛线没前途，在老一辈里，只有最穷苦出身、没出息的女孩才会去工厂打毛线""你把剩余精力全部用来做手工，以后连生活的能力也没有，连基本的人际交往也不会"，或者"学习才是正道，打毛线的精力怎么不能用在学习上呢"等方面展开论述。然而，在廖廖心不在焉的微笑中，这些劝解大会逐渐演变成了指责大会。在那些话语里，廖廖被描绘成一个不听话、不懂得走正常人道路、不听取别人意见、没有判断能力、固执己见、冥顽不灵、脑袋"一根筋"、不知悔改的小女孩，迟早会自讨苦吃，成为一个与现实世界脱轨的虚弱无力的人。

然而，事实并非如此。廖廖的毛线工艺品逐渐占满了房间的每一个角落，阳光一照进来，整个房间便显得暖融融、亮堂堂的。从最初的技艺尚不娴熟、针脚粗糙、色彩凌乱，到后来能够织成小巧玲珑的钥匙扣玩偶，钩出充满异族风情的精美披风，她的审美独特、巧思出众。上大学后，廖廖在网上开了一家针织品店铺，大二那年就已经实现了经济独立，甚至时常补贴家里；到了毕业前夕，她更是以针织作品获得大奖，同时被一所高校的设计专业和一家服装公司录取。在她"一根筋"的坚持下，她的人生之路终于变得丰富多彩，成为众多选项中的佼佼者。

廖廖那些在我们看来固执乏味且没有前途的爱好，却被她投入了与拼事业同等的心力。这不仅没有剥夺她生命的色彩，让她成为我们担忧的那种虚弱者，反而让她的心性比我们都更加坚定果决。我曾见过她在窗下苦恼地对照着教学视频调整针脚，问她这样是否会觉得人生没有颜色。她轻快地笑了起来，眼中闪烁着坚毅的光芒，指着桌上众多的毛线卷说："只要有喜欢的颜色，搭配好了就用，埋头织下去，织出来的就一定色彩斑斓。"这句话仿佛也在说她的人生选择：只要有所热爱，确定了方向，就勇往直前、埋头拼搏、不要摇摆不定，最终走出来的一定是灿烂天地。

廖廖凭借着这股让人既担心又不看好的"一根筋"作风，在旁人的劝解声、父母的抱怨声和同辈的嘀咕声中，专心致志地走着自己的路。我曾感慨她性格倔强、不懂变通，没想到她的路却走得异常顺利。当我对此表示惊讶时，她狡黠地一笑，得意扬扬地向我透露："其实我认真研究过的！哪有意外得来的顺利呢？"

原来，我们都以为她只是一时头脑发热，却不知道她的路走得并不简单，甚至比我们大多数摇摆不定的人要理智得多。一开始，她沉迷于针织工艺中，发现了其中的艺术性，便找到了追随它、钻研它的价值。而我们不知道的是，她有着自己的理智取舍和不断思索。她曾花费大量时间了解针织工艺的前景，在网上查询针织工艺品的市场售价，继而寻找相关高校和专业，规划自己的学习路线……我们以为的"一根筋"，其实只是因为她很早就明确了自己的方向。而此后，"一根筋"便成了她长久的坚持和付出。

过去，我们常认为"一根筋"是顽固、不灵活、难有出路的代名词，而廖廖的"一根筋"正体现在我们每次看见她"摆弄毛线"的时刻。但这其实是她刻苦努力的勋章，而不仅仅是一个贬损她性格的单薄词语。当她收获果实时，我才恍然大悟，在这个过程中，她并非仅凭兴趣就能轻易坚持、完全享受其中的。或许她也曾经历过无数个内心摇摆的深夜，因难以坚持而流下眼泪。像任何一个普通学生那样，专心地成长、单纯地完成学习任务，其实远比她自己选择的路要轻松得多。放弃总是最容易的选择。然而，廖廖的不同寻常之处在于，她在与自己的惰性、对安逸生活的向往所做的每场激烈斗争中，都无一例外地获胜了。她坚定自己的方向，远离了安逸，选择了奋斗，点击了人生游戏的"困难模式"，奋力地走了下去，最终获得了更多的成就和认可。

在文化多元、环境包容的现代社会，条条大路通罗马。只要我们能为自己的热爱找到价值，那么那个方向就必定是闪耀着神圣光辉的，没有好坏之分。在真正认识并确定了自己的道路之后，就别回头、别摇摆，也别轻言放弃。我们应该咬着牙、握着拳，"一根筋"地埋头走下去。直到走得虎虎生风、旌旗猎猎，直到人生长夜迎来天光乍现、云霞漫天，将这一路的泥泞化作勋章和贺礼。

主见比顺从更重要

盐　粒

一部流传千古的音乐杰作，往往让人铭记在心的，并非那些随波逐流、带有鲜明时代烙印的乐句段落，而是那些独具慧眼，甚至超越时代的旋律。这些旋律才是作曲家卓越才华的真正展现。时代特征通常只是当时大众主流的反映，仅仅随波逐流、迎合通俗流行，并不足以成就一部传世名作。真正需要的是突破常规、勇于表达个人见解的主见。

我并非天生就是一个有主见的人。小时候，我总是跟在堂姐身后，模仿她的每一个选择。每当需要自己独立做决定时，恐慌便会如潮水般涌来，让我渴望寻找一个权威人士为我代劳，或者提供一个可供参考的范例。

或许是因为一直以来被安排得太多，我和周围的人都已经习惯了我的顺从。从小学到高中，我始终遵循着父母的意愿，成绩也恰好处于班级的中游。在课堂上，我无须像后进生那样拼命追赶，也不必像尖子生那样不断挑战高难度题目，只需安心待在自己的舒适区。老师们在黑板上讲解，粉笔灰随着啪嗒啪嗒的声音飘落，却无法唤醒沉浸在自己世界里的我。我机械地在笔记本上抄写，唯有在历史课上，我才会像优等生一样，眼神闪烁着光芒，紧跟老师的步伐。事实上，历史对我有着莫名的吸引力，也理所当然地成了我众多平庸成绩中的一抹亮色。

这种状态一直持续到高考结束。出乎意料的是，我的高考排名竟然比平时高出了许多。在兴奋之余，我也感到了一丝恐慌，因为这打破了我原有的预期，让我脱离了那个一直跟随的群体。"需要做新的决定了"，这句话在我的脑海中不断回响。父母也因此格外激动，他们一如既往地先去了解填报志愿的各项细则，而我则一如既往地待在家里，等待一个既定的结果。

正当我百无聊赖地刷视频时，一阵刺耳的电话铃声突然响起。是玲打来的电话，她激动地讲述着与父母在填报志愿时的争吵。她想要报考自己喜欢的专业，却遭到了父母的反对。我听着她的义愤填膺，有些难以共情，甚至有些不可置信的羡慕。当她问起我打算填报的专业时，我支支吾吾，不知如何作答。这样的问题从未在我的脑海中停留过，更别说去思考了。我只是隐约想到了历史专业，但也只是一闪而过的念头。玲听到我含糊地回答后，语气里满是失望。我像被这失望刺痛了一般，逃避似的找了个蹩脚的借口挂断了电话。而玲也仿佛早就预料到了一样，有些戏谑地在结束时说："希望你能报上理想的专业吧。"

挂断电话后，我开始反复思考自己喜欢的、想要的是什么。然而，我的脑海里却充斥着父母转发过的无数专家视频，"大数据专业绝对是最保值的专业""小语种专业是真正的宝藏专业"。这些声音挥之不去，来自四面八方的嘈杂声音让我感到无比困惑。但就在这时，一个想法再次浮现在我的脑海中："历史专业呢？"这次，它不再像流星般一闪而过，而是在我的脑海中留下了深深的烙印。

正当我沉思时，父母拿来了一份填好的拟报志愿表。他们开始滔滔不绝地向我介绍这份志愿表的含金量：参考了多份成功案例、得到了号称"金手指"的报考专家的指点，还有据说认识的大学老师对我的整体分析。总的来说，这是一份非常完美的志愿表。然而，如果没有玲的那通电话，我可能永远也意识不到，在这份志愿表上，我的想法竟然没有占据哪怕一个专业的空格。甚至在填报志愿的过程中，我都没有听取过作为考生本人的我的任何想法。

看着满面笑容的父亲，我鼓起勇气说道："爸爸，先不着急定这份志愿表，可以先听听我的想法吗？"我看到父亲和母亲的脸上闪过一丝错愕，这是他们从未见过的、对他们的决定产生质疑的女儿。父亲似乎有些窘迫，他大手一挥说道："没事的，女儿，爸爸帮你看过的，绝对没问题！"面对这样的父亲，我竟有些退缩。但就在这时，母亲打破了僵局。

父亲看着我，我也看着父亲。两双眼眸中的光芒逐渐变得柔和，仿佛溪流汇入江河般有了交流。我深吸一口气说道："我想要报考历史专业。"父亲刚想出声打断，却被母亲一个眼神呵斥了回去。我定了定神，继续向父亲阐述自己的想法。虽然历史专业被称为"天坑专业"，但它也有着其他专业无法比拟的优势：竞争压力小、导师队伍强大。最后，我眼眶有些湿润地朝他们深深地鞠了一躬，感谢他们这么多年的辛勤付出和细心呵护。但这一次，我想自己做决定、填志愿。一开始我的声音还有些颤抖，但讲到后面，我越来越投入，也越来越发现自己对于历史专业的热爱。父亲的眼眶也湿润了，他一言不发，但我知道他已经同意并且认可了我的成长。

在提交志愿表的最后几天里，我成为填报的主角。我没有盲目听从专家的推荐、成功案例的参照或者业界人士的指导，而是根据自己的未来规划做出了选择。当然，在这个过程中，我和父母也有过激烈的争论，无非是关乎专业前途、就业等问题。但我认真地搜集了数据和不同学校专业的对比，并且表明自己会为选择负责。最终，我稍稍说服了父母。虽然这个过程看起来有些麻烦，但总比盲目接受主流观点要好得多。报完志愿后，我再次给玲打电话。这一次，我终于可以底气十足地告诉她："我报上了我想要的历史专业。"我略过了过程中的细节，因为我知道玲也应该经历过类似的挣扎。她似乎察觉到了我的变化，顿了顿语气后郑重地祝福我："恭喜你。"

放假回到家后，我带着表妹去买冰激凌。面对简单的三个口味选择，她却犹豫不决。她要么反复询问店员最受欢迎的口味，要么眼巴巴地等着我先做选择。我仿佛看到了当初那个没有主见的自己，于是我笑了笑拉起她的手引导她："在冰激凌的三个口味中选择你最想尝试的那个吧。别人的决定只是参考，听自己的就好。"她眨巴着眼睛似懂非懂地指向了那盒满当当的、浅绿色的薄荷巧克力味冰激凌。

"姐姐，这个真好吃！"表妹舔着冰激凌高兴地说。我微笑着祝福她："恭喜你学会了做出自己的选择。"

我生以悦己，
而非为他人所困

不要害怕掉队

格　非　口述　世相君　整理

掉队不可避免

几个月前，我和哲学家陈嘉映有过一次对谈。陈嘉映说，我们那个年代，在农村，唯一的光明大道就是考大学，若没考上，要么去种地，要么去做手艺人。尽管如此，我们仍觉得处处都是路，未来充满希望。

今天，我们面前的路有很多，你可以这么走，也可以那么走，但就如卡夫卡所说，城堡近在眼前，却一生都无法抵达。现代社会人生道路看似很多，却未必人人走得通。

我今年60岁，掉队这样的事情，在我身上经常发生。

我参加过两次高考，第一年高考失败后，母亲让我去做木匠，我不太愿意，那段时间非常焦灼；第二年，我考取了华东师范大学。

20世纪80年代正赶上"文化热"，大学里各种社团纷纷成立。我当时只有十六七岁，就去参加各种各样的研讨会。

有一次在大礼堂听报告，台上的人从头到尾讲的每一句话我都能听懂，可是连在一起完全不知道他在说什么。

我常常怀疑自己，我配做文学研究、配写作、配教书吗？为什么别人都比我强？

没办法，我只能回去读书。读了几年书，我再去听他们的讲座，发现其中有很多错误，他们也没什么了不起的。

很多年后，我回看这段掉队的经历，觉得当时的压力在很大程度上被我个人放大了。

阿根廷有个作家叫塞拉，他在文章中提出一个问题——你是要毕加索的一幅画，还是要成为毕加索？大部分人选择成为毕加索，但塞拉认为，最好是要他的一幅画，因为毕加索的画很值钱。当然，最重要的原因是，你不是毕加索，你有自己的使命。

每个人都有自己的禀赋，我觉得，人生在世只有一个任务，就是成为自己。

时代会让你掉队

20 世纪 90 年代文学市场化，很多人因此放弃文学，改行做生意了。时代的变化让人惶恐，我突然觉得不会写作了。

我有个同学叫李洱，2019 年得了茅盾文学奖，他说，他若不写作就跳楼。我没到这个地步，我不仅想放弃写作，而且确实放弃过。

从 1994 年开始的差不多 10 年里，我只写过一篇小说。我打定主意跟 20 世纪 80 年代告别，因此对很多事物的看法都需要调整。

当时，我走在学校里，有学生碰到我，会说："老师，我问你一个问题，你难道真的不写作了吗？你放弃了吗？你打算这么混一辈子吗？"

我羞愧得无地自容。

事后我才想明白，像我这样既没有历史感，也缺乏现实感的人，倚仗 20 世纪 80 年代读的那点西方作品而开始写作，然后跟随时代潮流不断往前延展，如今停止创作，就得一天天地熬。当时，我的身体和精神出现了很大的危机，能够走出来的重要契机是什么呢？

通过阅读，我突然想明白一个道理：安全感并不存在。

里尔克定义生存是绝对的冒险，他说，当你觉得自己不再冒险的时候，其实已在危险之中；你跟动物一样，永远处在无保护状态。托尔斯泰也说过，这个世界上有两种生活，一种是追求安全的生活，一种是追求真实的生活，真实的生活随时都会有风险，你需要付出。

我去导师钱谷融先生家，那时他已经80多岁，他问我，为什么你的脸上有一种忧郁之气？他送了我8个字：逆来顺受，随遇而安。

我以此自勉，渡过了难关。

那10年我虽然没有写作，但读了很多书。这让我有了一些积累，对很多问题有了自己的思考。我觉得，做一个好读者跟做一个好作家一样重要。

走什么样的路

我写过一篇小说《隐身衣》，文中的主人公崔师傅是有原型的。他到现在也是我的好朋友。

他是一个手艺人，生活在北京，沉默寡言，非常普通。他一开始做衣服，后来又去卖鞋子。结婚、离婚，生活历经波折。

当时，北京举办了一场国际音像展，由此催生出一大批古典音乐发烧友。他也"发烧"了，喜欢海顿、莫扎特。他一句英文都不会，完全靠看图纸，就开始做音响器材。

后来，我们几个朋友说凑钱帮他办厂批量生产。他拒绝了，他说，他不需要钱，他要的就是白天睡觉、晚上工作。当整个小区一片漆黑，只有他家亮着灯时，他感到了内心的充实和平静。

"世界上竟然还有那么多人不懂古典音乐，这些人的一生不就白过了吗？"他觉得，能够在家里静静地听音乐，就是人生中最美好的事情。

钱从哪里来？将来怎么样？所有我们普通人的烦恼，对他来说，统统不存在。

我心里受到很大的触动，觉得即便当年没有考上大学，只要心怀梦想，人生就不会很糟糕。

很多人问我，为什么喜欢写小说？我的答案是，写小说能让我沉浸其中，烦恼也会离我而去，即便真有烦恼，也不足为惧了。

过普通人的生活

我儿子经常问我，人生在世什么东西最重要？我说，如果你想要很好地走完自己的一生，就要能过普通人的生活。

不写作的 10 年期间，我问过自己一个问题：不写作有问题吗？没问题，因为即便不写作，我还是一个狂热的文学爱好者。那么多大师的作品我都没有来得及读，它们足够我用一生来阅读了。做一个好读者跟做一个好作家是一样的。我还愿意写作，是因为写作对我来说仍是一种巨大的乐趣。

我周围也有过类似的事情。有的父母抱怨，说孩子去了一个单位，工资很高，但很忙，忙到他觉得生命被白白地浪费了，就想换一家轻松一点、收入低一点的单位。父母听了就非常生气。

我反倒有点高兴。我们这一代人总觉得苦一点、累一点算什么？但"80后""90后"甚至"00后"，开始思考这条路是不是他们想走的。人活着，最重要的是自由选择，并为自己的选择负责。

随它去

读大学时，有一首歌曲对我影响很大，那就是《Let It Be》。

每当遇到困难，就会有一个声音说，没什么大不了的，大家都在经历失败，经历掉队，如果你克服不了这个困难，就随它去吧。

其实，很多作家也为我提供了某种思考的路径，比如克尔凯郭尔、托尔斯泰、博尔赫斯。他们对年轻人最大的忠告就是4个字：不要忧虑。

20世纪90年代我身处困境时，有一本书给了我很大的帮助。这本书就是哲学家保罗·蒂利希的《存在的勇气》。

他认为，威胁来自生活的各个方面，它让你感到恐惧、忧虑。你所能采取的方式就是，带着忧虑和恐惧，充满热情地投入你的生活。

成熟，从不抱怨开始

苇 笛

遇见他，是在一个饭局上。

一落座，他就喋喋不休地抱怨开来：怨公司不好，拼死拼活一个月，拿到手里的工资没多少；怨上司不公，谁擅长拍马屁谁拿到的项目就油水丰厚；怨同事不善，成天钩心斗角明争暗斗……终于，在他暂停抱怨的间隙，我小心翼翼地问了一句："既然工作如此不称心，为什么不跳槽？"他一愣，奇怪地看了我一眼，似乎在看一个外星人。"跳槽？现在经济这么不景气，往哪里跳？"这下我算明白了，原来他的工作并非一无是处啊！

散席后，尽管他热情地与我道别，并且特意留下他的电话号码，但我再未联系过他。对我来说，一个怨气冲天的人，是不值得交往的。诚然，他的工作有不尽如人意的地方，但在这个世界上，又有哪一份工作堪称十全十美呢？要想拿高薪，就得承担超负荷的劳动量；要想出人头地，就得迎接周围挑剔的目光；就算你安分守己不惹是非，也会受到一些莫名其妙的指责……面对人生的不如意，一个人所要做的，就是尽量改变自己能够改变的部分，至于个人无能为力的部分，那就坦然接受吧。

如果说一个人抱怨之后，他的不满与郁闷能够随风而去，心境能够变得开朗明亮起来，那他的抱怨还算是有价值的。可问题在于，抱怨恰如一股阴冷潮湿的黑雾，足以遮蔽他的双眼、迷惑他的心智、阻碍他的成长，最终让他在怨天尤人的泥潭里越陷越深。

　　人生就是一段旅程，是一段从青涩走向成熟的旅程。而我相信，真正的成熟，是从不抱怨开始的。

好的孤独，成就更好的自己

胡 宁

上海拥有数不胜数的咖啡店，但位于静安区的这家无疑是其中最"任性"的——它只供应 4 种咖啡，且一天只营业 4 个小时。

"有什么咖啡？"

"我们有拿铁咖啡、卡布奇诺咖啡、浓缩咖啡和美式咖啡。"

但如果客人问"有哪几种咖啡"，店员就会突然失去对话能力，愣在那里。

在"爱咖啡"，提供的咖啡并不特别，特别的是这里的 8 名店员——他们无一例外，都是"星星的孩子"——孤独症患者。

在这里，喝咖啡无须付钱，顾客都是提前报名并经过一定培训的志愿者。"准确地说，这里不是普通的咖啡店，而是'自闭症实践基地'。"咖啡馆的创始人，上海城市交响乐团团长、今年 63 岁的曹小夏说。

一

10 年前，曹小夏创办了公益项目"天使知音沙龙"——给孤独症孩子上音乐课。10 年间，她跟 100 多名孤独症儿童打过交道，看着他们一天天长大。"爱咖啡"里的 8 名店员，也是从十五六岁、有一定交流能力的学员里挑选出来的。

在专业咖啡师眼中，教这些孩子与教普通孩子没什么差别。孤独症患儿行为刻板，这一特性却使他们在冲调咖啡时显得更加严谨——称出 15.1 克咖啡粉，萃取 29 秒，得到 30 毫升的咖啡液。

真正的挑战，不在于冲调一杯咖啡，而是服务于形形色色的人。

肖兰被请来为孩子们上礼仪课，教他们打翻咖啡时要说"对不起"，上咖啡的时候要把咖啡杯放在桌上，而不是递到顾客手中，对方道谢时要记得回一句"不客气"。

仅仅教他们微笑、鞠躬，并说"欢迎光临"，肖兰就用了 80 分钟。他们拖着长音，缓慢地吐出这 4 个字，却经常是发出问候，就忘记动作。即便在肖老师面前记得烂熟，一旦在咖啡馆，换了对话的环境和人，他们还是常常忘记。

客人问："能续杯吗？"

他们会反问："什么是续杯？"

"就是再来一杯。"

"再来一杯，还是再来两杯？"

"他们的大脑储存了很多汉字，却不能理解这些字符的含义。"曹小夏说，"将他们放在这样的'小社会'里，是为了帮他们丰富语言，提高与人交流的能力。"

二

每天，会有 20 多位顾客到这里喝咖啡。很多人是第一次接触孤独症患者，会像面对四五岁的小孩子那样，声音不自觉地放轻，有些人甚至会帮店员拖地、端盘子。有时，店员端上来的咖啡会洒出来，浸湿托盘里的纸巾；几个人同时点单时，有的订单会被忘记，如果点单时间过长，店员有可能转身就走了……面对这些，顾客往往可以表现出特别的容忍。

这可不是曹小夏想要的。"要像对待普通的服务员那样要求他们。"曹小夏说"不要爱护过度"。她要求顾客适当地设置一些障碍，比如问店员"我要的奶包你为什么没拿""我的搅拌棍呢"，来提高他们处理事情的能力。

曾有店员向一个女顾客提出拉手的请求，却没有被拒绝。曹小夏发现后立即提醒对方，应该直接拒绝孩子的请求，就像拒绝任何一位陌生异性唐突的牵手请求一样。

曹小夏和家长深知，走出这间特殊的咖啡店，他们要面对的是现实的社会，过分的宽容会让探索失去意义。

让包括曹小夏和孤独症患儿家长在内的许多人发愁的是，孤独症患儿长大后，生活空间会越来越小。告别义务教育后，他们中的多数人将面临无学可上、无处就业的窘境。

曹小夏见过一些成年孤独症患者长期被圈养在家中，行为问题日益严重。家长无法想象自己离世之后，孩子怎样生活，甚至有家长产生了"带着孩子一起离开这个世界"的念头。

迄今为止，已有4000多人报名来当"顾客"。"来过这里，你就知道孤独症是什么了。"曹小夏说。人们越了解孤独症，孤独症患者受到的歧视、阻碍就会越少。或许有一天，这些人能从自己封闭的小世界里走出来，融入更大的世界。

三

10年前创办"天使知音沙龙"时，曹小夏只是想用音乐来抚慰痛苦的家长。但她没想到，当音乐声响起的那一刻，那些孤独症患儿竟然安静了下来。

后来，这些孩子能够走上舞台，随着音乐跳舞。

慢慢地，他们表现出对同伴的牵挂，哪怕只是见面后简单地问声好，对他们而言，也是很大的进步。他们还打破以往不肯与人触碰、拥抱、眼神交流的禁忌，成为能够彼此配合演出的伙伴。

由此，曹小夏相信，孤独症患者的情况是能够被改善的。她带着孤独症孩子去各地演出。以往，这些孩子到了新环境就会焦虑，有的人会不停地爬楼梯或找厕所。但久而久之，原本的刻板行为被慢慢纠正了——他们到新环境之后不会紧张地大叫；如果演出时间发生变化，他们也能够耐心等待。

现在，咖啡店给了她更多的信心。短短几十天，多数店员已经能主动走向顾客，熟练地完成点单流程，并试着跟顾客交谈。就连在咖啡馆以外的场合，他们与人沟通的能力也有显著提升。从前，店员元元找不到包只会原地乱转，不停地说"丢了、丢了"，现在遇到类似的情况，他会冷静地说："没关系，如果找不到，我们就去发失物招领（启事）。"

四

每天都有孤独症患者的父母在咖啡店外徘徊，他们也想为自己的孩子寻一条出路。

曹小夏只能拒绝。"实践基地"能容纳的孤独症患者非常有限，她不能随意接纳陌生的孤独症患儿。在她心里，这8个孩子想要真正寻找一份普通的全职工作，至少还需要在这里进行两年的"实习"。

与充满希望的"8"相对的，是一个更加庞大的、令人担忧的孤独症谱系障碍群体。2014年，据《中国自闭症儿童发展状况报告》中的推算，中国的孤独症患者可能超过1000万。而大龄孤独症患者的就业，还在民间自行探索阶段。

曹小夏也关注过国外的大龄孤独症患者就业的问题。刻板的行为模式使孤独症患者擅长做一些程式化的工作，但曹小夏不想用这样的方式帮孩子们解决所谓的出路问题。

这份"不妥协"给了孤独症患儿及其家长以希望。

曹小夏一边请老师给咖啡店的孩子上课，一边筹建孤独症学校，她还跟上海市的一些咖啡店商谈，希望让这些孩子有机会到真正的咖啡店里实习。

每个工作日的下午，咖啡店打烊后，店员元元会迅速地换掉工作服，背好双肩包，跟其他孩子一一道别，然后快速步入地铁站。他从容地掏出手机扫码进站，融入乘地铁的人流中，没有人会察觉他的不同。对绝大多数孤独症患者的家长来说，这是他们能想到的孩子最好的模样。

能扛事，是一个人最了不起的才华

净　静

　　我的堂弟以前读书时，总是一副吊儿郎当的样子，每次在学校闯了祸，就让家人帮他收拾烂摊子。无论我们跟他讲多少道理，他都只是敷衍一下，然后继续我行我素。

　　有一次，我问他："你总是按自己的方式行事，但你知道你每次闯祸，都是你爸妈替你承担后果的吗？"他毫不在乎地应了一句："那有什么关系，爸妈替我扛着就好了！"为此，家里人提起他，只能无奈地摇摇头。

　　后来，由于工作比较忙，我们许久没有联系。直到两年后的春节我去他家拜年，才与他碰上面。那次见到堂弟，我着实吃了一惊。他与之前判若两人，不仅帮着家里张罗过年的事，还热情地跟我们谈起自己的人生理想。

　　我忍不住问他："是什么让你有了这么大的改变？"堂弟说："自从我当上实习医生后，才知道什么叫责任感。我的身后有那么多需要我照顾的病人，我需要成熟起来，扛起属于我的责任，不退缩，不逃避。"

　　人的成熟，是一个从迷茫到自知，再到坚定的过程。在这个过程中，每个人都要慢慢学会扛起自己的责任，学会独自面对生活中的风风雨雨。所谓成熟，不是年龄长了，而是成长了，能自己去扛事。

有句话说得好："事，靠自己扛，才能面对；路，靠自己走，才有骨气。"能扛事，是一个人真正成熟的标志。

人这一生，会遇到许多艰辛，不是每一段路，都有人在身边默默陪伴；不是每一份心情，都能获得他人的理解；不是每一份感情，都有人懂得珍惜。

只有自己强大起来，不管遇到多大的风雨都扛得住、撑得过去，才会迎来阳光明媚的晴天。

看过这样一句话："你决定过什么样的生活，没有什么事情拦得住，所有借口只是因为你不相信自己可以做到。"

那些走过的路、流下的泪、滴下的汗，都会让你成为独一无二的自己。扛过去，你就赢了。

每个人，其实都潜藏着巨大的能量。不扛一次，你永远不知道自己有多强。

内心的强大比学历更能决定命运

长脚的风什么都知道

在一个南方的冬日，我与往常无异，只是错失了秋招的良机。这无疑是一个遗憾，但我并未沉溺于懊悔之中，因为前方仍有诸多机遇等着我去把握。于是，我开始在各大招聘网站上积极搜索实习岗位，精心准备简历，并针对每个心仪的岗位调整简历中的亮点。终于，我获得了一个心仪公司的实习机会。

在这批实习生中，我的高校学历无疑是一个显著的优势，这使我自信满满，相信实习期间的工作会一帆风顺，转正也指日可待。

这家公司为了提高工作效率，有将实习生分组的惯例。在全员首次会议中，我环顾四周，皆是陌生的面孔，他人皆正襟危坐，唯独我心神不宁，目光游离。分组结果揭晓，我被任命为小组长，在众人的掌声与羡慕中，我内心却毫无波澜，因为这一切似乎都在预料之中。

轮到众人自我介绍时，我发现其他小组长同样拥有耀眼的学历背景，这无疑强化了公司对学历的重视。我心中暗自窃喜，以为这将成为我实习期间的坚实后盾。然而，这种过度的自信在与同事们的相处中并未消减，我时常夸耀自己，虽然深知同事们的赞美并非出自真心，但这仍极大地满足了我的虚荣心。

然而，学历的优势并未给我的工作带来实质性的帮助。不久之后，现实便给我泼了一盆冷水。

公司的任务如潮水般涌来，我因心态问题而敷衍了事，导致工作堆积如山。任务接踵而至，办公桌上堆满了文件和资料，电脑屏幕上同时开着多个工作文档。空气仿佛凝固，时间仿佛停滞，让人窒息。我喝了一半的咖啡散发出丝丝凉意，文档堆积如山，早已送来的外卖也被遮挡得严严实实。手指在冰冷的键盘上跳跃，小错误层出不穷，而我已无暇顾及。

日子在疲惫与高压中悄然流逝，我每天都在各种办公软件的提醒中度过，身心俱疲，生活仿佛陷入了一个黑暗的漩涡，苦苦挣扎却找不到出路。

刚从"象牙塔"走出的我，带着名校的光环，本以为前方是鲜花盛开的坦途，然而真正工作后才发现生活充满了琐碎与挑战。同期的同事们，即便学历不如我，也在日复一日的工作中找到了自己的节奏，处理任务井井有条。看着他们愈发从容自信，而我桌上的任务却越堆越高，压力与日俱增。

终于，在一个宁静的午后，我鼓起勇气递交了辞职信。

走出公司的旋转门，我抱着工位上的物品，带着"高才生"脆弱的自尊，低着头匆匆离开，生怕被同事发现。寒风凛冽的冬日里，我也想像树一样在冬天沉睡，待春天复苏。然而现实不允许我如此逃避，我只好调整情绪，继续投递简历。

幸运的是，不久后我又找到了一份实习工作。

这次，我不再对那看似高高在上的学历抱有过多的幻想。过往的经历如同一抹暗淡的光影，时刻提醒着我不要重蹈覆辙。我深知，真正的荣耀并非来自学历，而是来自内心的强大与坚韧。

每天早晨，我在闹钟的催促下离开温暖的被窝，面对寒冷的侵袭，我毫不退缩。夜晚，我拖着疲惫的身躯踏上回家的路，但内心却愈发坚定。

一次晚上下班后，我正与朋友们聚餐，突然接到返工的消息。我内心一阵挣扎，烦躁、厌倦、焦虑等负面情绪涌上心头。然而，一股不知从何而来的力量驱使我行动起来。我独自走到一旁，打开电脑开始工作。屏幕的微光映照着我坚定的脸庞，我的目光专注于文档上的数据，周围的喧嚣逐渐远去。结束后，我走在路灯下，寒风依旧呼啸，我却走得坦荡而坚定。原来，那股力量来自内心的逐渐强大。

最终，我以第一名的成绩成功转正。

熬过了那个冬天，春天悄然来临。天空湛蓝，白云飘飘，枝头的新芽诉说着生命的顽强。那个冬天，它并非没有生长，而是在积蓄力量。

后来的几年里，我保持着这样的状态，虽然"高才生"的身份逐渐被我淡忘，但我的内心却越来越强大。我的工作越来越顺利，升职加薪，我也拥有了幸福美满的家庭。

回首往昔，学生时代的我们总以为一纸文凭就是一切。然而现实是，真正的内心强大是不需要证明的，因为它是靠我们一步步走出来的。这往往比学历更能决定我们的命运。

心里再苦，不打退堂鼓

小 虫

在一次模拟考试结束后，我逐一分发批改完毕的试卷。一名学生，面对自己不尽如人意的成绩，竟在全班同学惊愕的目光中，奋力撕扯那张不及格的考卷。纸张撕裂的尖锐声响，如利刃般穿透每个人的耳膜，而他，毫无停歇之意，直至试卷被扯成细条，最终揉成一团。他眼神空洞，面容憔悴，就这样静静地坐着，直至下课铃声响起。

彼时，距离高考尚有近两个月。在周考、月考、模拟考的轮番轰炸下，每位学生的眼眸都透露着难以掩饰的疲惫。那段时光，无疑是艰苦的。学习之外，几无消遣，课间的跑操成了唯一的户外时光，就连用餐与如厕也变成了匆忙的奔波。我能深切感受到，每位学生头顶都仿佛压着沉重的山峦，大家都在咬牙坚持，默默承受。每当考试成绩揭晓，便是情感波澜起伏的时刻。看似平静的氛围下，实则暗流涌动。学生们低垂着头，宛如等待宣判的犯人。随着分数的逐一公布，一股无形的巨浪在空气中翻腾，或是独占鳌头的狂喜，或是名落孙山的失落，或是勉强及格的侥幸，或是屡遭挫败的愤懑。就在这时，一阵突兀的纸张撕裂声响起，在平日或许并不起眼，但在当时那紧张而沉寂的氛围中，却显得尤为刺耳。

该生在班级中并不显眼，成绩中等，性格内向，鲜少引起注意。学习态度尚算端正，未见明显出格之举。唯一稍显特别的是，在高考百日誓师大会上，他曾掏出长篇发言稿，慷慨激昂地发表了十分钟演讲，表达了跻身班级前十名的决心。以他平日的表现来看，这一目标颇具挑战性，毕竟他从未进入过前三十名。此类总结与表决心的班会虽屡见不鲜，大话连篇者也时有出现，但当时他那严肃而认真的神情，仍给我留下了深刻印象。

时光荏苒，四十天转瞬即逝。在此期间，他仅在某次周考中取得了第二十五名的成绩，而此次模拟考试更是滑落到三十名之外。

我将他叫到办公室，却难以打破他的沉默。最终，我只能以几句鼓励的话语试图安抚，但效果甚微。

随后的半个月里，他的状态急转直下。课堂上，他开始沉睡，时常凝视窗外发呆，甚至与其他科目的老师发生争执。在接下来的一次考试中，他的试卷大片空白，基础题也频频出错，显然是在故意出错，与自己赌气。此次考试，他的成绩垫底。

人的心理防线一旦崩溃，便如决堤之洪，一发不可收。从善如登，从恶如崩，堕落往往易如反掌。

某日，我私下叫来了接送他上学的母亲。这是一位中年妇女，面容沧桑，发色黯淡无光，身着围裙，身上隐约散发着葱油的气味。

我向她阐述了孩子的情况，她顿时泪如雨下。

从她口中，我得知他的家庭条件并不优越。他一直是父母的骄傲与希望，只是近来对父母的询问变得敷衍。

我再次将他唤至办公室，见到母亲后，他微微一怔，随即低头，满脸愧疚。

母亲责备的话语脱口而出，我连忙劝阻。

沉默片刻后，他终于开口："我真的不是读书的料。"

"没有天生的学者，你的成绩并不差，只是心态过于急躁。"

"我真的坚持不下去了。"他的声音沙哑，透着深深的绝望。

"只剩一个半月了，你真的要放弃吗？"

他沉默了。

"遇到问题就解决问题，可怕的是缺乏面对问题的勇气。"

他依旧沉默。

这时，我打开抽屉，取出那张被他揉成团的试卷。

"坚持还是放弃，取决于你的选择。"

我送走了他的母亲，留给他独自思考的空间。

十分钟后，我深吸一口气，走进办公室。

那张试卷已被展开，撕裂的部分被胶带细心黏合。

一个半小时后，他提交了一份全新的答案。

随后的日子里，我们都在奋力拼搏。在众多或紧张或疲惫的眼神中，我看到了他那张镇定自若的脸庞。无论考试成绩如何，他都能坦然面对，每次考后，他都会递上一份错题集。

终于，在六月的栀子花香中，我们迎来了那个至关重要的日子。所有的努力，都将在此刻接受最严峻的考验。

高考成绩揭晓之日，全班同学齐聚校园。那一刻，所有的压抑与情感得以释放，有人痛哭流涕，有人喜极而泣，整个教室仿佛沸腾的海洋。

我望向他，我们目光交汇，他冲我淡然一笑，那笑容平静而从容。

"考得怎么样？"我问道，其实心中已有答案。

"还不错。"

"终于结束了。"

"是啊，"离开前，他补充道，"结束了，也是新的开始。"

"新的开始？"我略感意外。

那个暑假，大多数同学选择了出游放松。某日，我收到一封邮件，里面装着一份高考试卷。

试卷的开头，写着他熟悉的名字，上方附有一行字："终于结束了，这是高考的错题集，请老师审阅！"

试卷上，他的错题答案清晰可见，卷面整洁，字迹工整。

这届高考，他成为班级中的黑马，成功跻身一本线。升学宴上，他谈及了那段艰难的时光。

"风雨过后，回望曾经的坎坷，竟觉有一种悲壮之美。幸运的是，我坚持了下来。"

说完，他笑了，笑容依旧那么恬淡从容，宛如夏日里盛开的荷花，清新脱俗。

如何面对别人的批评？

淮 叙

在那个冬日，一场不期而至的大雪悄然降临，多彩的世界银装素裹，一片宁静。窗外，那座倾注我心血的竹编桥梁，在一夜之间轰然倒塌，被皑皑白雪深深掩埋。那刺目的白，如同当日尖锐的批评，让我一时之间无处遁形，只能蜷缩在自我构建的避风港里，拒绝接受那些负面的声音。然而，这样的逃避，也让我关闭了自我提升的大门。在漫长的反思中，我开始质疑自己，是否因为自大而忽略了那些逆耳忠言，是否已陷入了故步自封的困境。雪地茫茫，前路未卜，一片茫然。

那段日子，我脑海中反复回荡的，是那次评审会上如潮水般涌来的批评。我曾满怀信心地幻想，自己的作品能够站上荣耀的领奖台，万众瞩目。那座精心编织的竹桥，每一寸都凝聚着我数月的心血，轻盈的桥身与完美的弧度，无一不彰显着我的匠心独运。"它象征着人与自然和谐共生"，我自撰的介绍词更是将作品的意义推向了我自认为崇高的境界。然而，现实的打击却如此残酷。

"这个主题的寓意确实很好。"当评审初次肯定我的小巧思时，我满心欢喜，期待着更多的赞誉，生怕错过任何一句对我作品的肯定。然而，评审的话语却急转直下，"但是，你的桥梁结构太过脆弱，一旦承重，必然会倒塌"。紧接着，另一位评审也提出了质疑，"编织设计虽别致，但竹片排列单一且过于轻薄，存在折断的风险"。

即便时至今日，回想起那些批评，我依然能感受到隐隐的痛楚。那些直言不讳的评语，仿佛否定了我所有的努力。我曾以为，美与寓意是评判作品的至高标准，却忽略了美的根基——承重与实用。没有这些，再美的设计也如同摇摇欲坠的危楼，注定无法长久。

那场大雪，最终压垮了我的竹桥，也仿佛应验了评审的预言。我的心，也随之被埋没在厚重的积雪之下。我开始意识到，单纯的美观无法支撑起作品的灵魂，正如笨拙的手艺无法承载我一厢情愿的骄傲。我选择了逃避，将失败的作品深埋雪中，仿佛这样就能抹去它存在过的痕迹，以及那些围绕它的批评。然而，逃避并不能解决问题，只会让我更加迷茫。

那份对竹制品的热爱，却如同磁石一般，再次将我引向竹林。当社团指导老师邀请我参加户外学习时，我本想拒绝，但内心深处的不甘与迷茫却让我改变了主意。或许，我仍渴望得到认可；或许，我只是需要一个倾听者来排解内心的压抑与烦闷。

那是我第一次见到雪后的竹林，原本生机勃勃的绿意被一层厚厚的白雪所覆盖，与背景融为一体。竹叶在重压下低垂着头，与我先前印象中傲然挺立的形象大相径庭。当大雪降临，竹竿被压得弯曲，仿佛形成了一道天然的拱门。眼前的景象让我难以将其与竹的坚韧形象联系在一起。

正当我陷入沉思时，指导老师却走上前来，她抓起被压倒的竹叶，用力摇落上面的积雪。一时间，雪花飞扬，如同孩童嬉戏时的欢笑。被压弯的竹子在摇晃中抖落了满身的雪，再次挺立身躯。我随着老师的步伐，也摇晃着两侧的竹子，那些原本低垂的竹叶仿佛变成了迎宾的士兵，抖落了风霜，傲然挺立。

那一刻，我深刻体会到了竹的韧性。我曾将它视为单纯的材料，只追求外在的美观，却忽略了它本身所蕴含的生命力。这份忽视，不仅导致了作品的不实用性，也违背了我所倡导的"人与自然和谐共生"的理念。批评，如同一场大雪，压弯了我的脊梁，让我如竹叶般掩埋于雪地。然而，逃避并非解决之道。我看到，雪花虽沉重，却非为压迫；批评虽刺耳，却是为了精益求精，迎接新生。

我从竹林中带回了创作的材料，生命与韧性成为我新的主题。一款乌篷船状的风铃在我的手中逐渐成形，我细细编织，将这份坚韧的生命力注入其中。指导老师的评语在脑海中循环播放，这一次，我不再逃避，而是心生感激。批评的建议成为我不断修改、精进的指南。剪裁、雕琢，竹的一部分仿佛融入了我的身躯，让我变得更加坚强，直面缺陷。

如今，窗台之上悬挂着我重新设计的一串乌篷船状风铃。竹的韧性撑起了弯曲的穹顶，垂挂而下的竹片在风中轻轻碰撞，发出属于竹的独特声音。雪依旧在下，但竹依然傲然挺立。我趴在窗台上，目光流转于这片银白的世界。那竹声虽非清脆悦耳，却有一种空灵悠长的韵味，如同竹林深处的低语，轻轻拂去心灵的尘埃。

人的醒悟往往只在一瞬间，但技艺的精进却需要时间的沉淀。我深知，改良之路漫长且充满挑战，但我已不再畏惧。在这片白茫茫的世界里，我终于明白了如何面对批评——以一颗谦逊的心去倾听，以一种坚韧的毅力去改进。

我们为什么对"平凡"深怀恐惧

潜海龙

"他上了二级平台，沿着铁路线急速地向东走去。他远远地看见，头上包着红纱巾的惠英，胸前飘着红领巾的明明，以及脖子里响着铃铛的小狗，正向他飞奔而来……"这是路遥《平凡的世界》的结尾，孙少平出院后，只身一人悄然离开省城，回到久别的大牙湾煤矿，去拥抱他那"平凡的世界"。

我和学生共读路遥《平凡的世界》后，不少学生对这个结尾提出疑问：孙少平是一个有理想、有抱负的青年，他应该选择留在省城发展，为什么还要回到偏僻的大牙湾煤矿呢？

是呀，人往高处走，水往低处流。当下很多人挤破脑袋想进城去，不就是对"平凡"深怀恐惧吗？我们不仅对"平凡"深怀恐惧，而且还带着偏见看待那些平凡的职业。

于是，我引导孩子们去思考《平凡的世界》这个书名的内涵。说真的，这个书名也太平凡了，似乎没有什么深刻的意蕴，可是换成别的书名似乎都不行，唯有这五个字最能涵盖这部百万字的长篇小说。

多年前，我在报纸上看到过这样一则短文：

"我刚到德国留学时，邻居是一个下水道工人。当得知我来自中国，他便睁大眼睛向我提问：'先生，我们国家有许多哲学家认为老子是世界上最伟大的哲学家之一，而我敬重的一个人则更推崇庄子，您能告诉我他们之间的区别吗？'我只能凭着对教科书的模糊记忆乱答一通。当我好奇地反问他为何如此喜欢哲学的时候，他彬彬有礼地回答：'先生，当我在黑暗的下水道里工作时，回味着昨晚看过的黑格尔著作，连污水都变得美好起来。'"

我把这篇短文推荐给学生，让他们思考德国下水道工人和《平凡的世界》结尾处的孙少平有没有相同之处。孩子们说，一个是下水道工人，一个是煤矿工人，他们的职业都是平凡的。然而，他们又都有各自不平凡的地方，德国下水道工人精通哲学，让我们感到无比惊讶；《平凡的世界》里的孙少平从省城回大牙湾煤矿时，专门去新华书店买了几本书，其中他最喜欢的一本书是《一些原材料对人类未来的影响》。

那天，我还给孩子们讲了几则新闻：

杭州湖墅南路一家银行有个"保安哥"，每年下雪天，他都会用雪堆成一个个栩栩如生的小动物，引来很多市民观赏拍照。这是一个热爱生活的保安，他被网友称作最有才的"雪人保安"。

杭州西湖白堤保洁员里有个书法达人，白天在西湖边打扫卫生，晚上回家练字。有一天，他带着一幅裱好的书法作品来白堤上班，吸引了不少路过的游客，大家很好奇，一个保洁员为什么带着这么大一幅字？原来，这幅字是那个保洁员自己写的，打算送朋友，就带出来了……仔细一看，上面写的是《沁园春·雪》，笔力饱满，游客赞不绝口。

海盐县城有个三轮车夫，每天带着摄像机上班，看到马路上有什么新鲜事就拍摄下来，晚上回家给孩子和老婆播放他制作的视频，后来好多家电视台都找上门去，想采用他拍摄的鲜活的新闻素材。

讲完故事，有个孩子急不可待地帮我小结："老师，银行的'保安哥'、西湖白堤的保洁员和海盐的三轮车夫，他们虽然岗位平凡，但是他们热爱生活，追求情趣，他们不只有平凡的生活，还有诗和远方。"

　　他说得真好，路遥《平凡的世界》不就是告诉我们这个道理吗？

　　低头观心，抬头观星，拥抱平凡的世界！

我不再假装拥有很多朋友

起司加白

初三时，最好的朋友转学了，我不得不第一次面临"孤独"。周遭的同学三三两两相伴，只有我低头走在路上，我难过得要窒息。当时的中学是一所寄宿学校，我们每天过着宿舍、食堂、教室三点一线的生活，十分无趣。正是因为这种无趣，玩伴才显得格外重要。

独自走在路上，我总是偷偷看着别的女孩手挽着手，亲密无间。我像个小偷，窃取着她们之间的欢快氛围。食堂的桌椅两两相对，为了不让自己吃饭时显得形单影只，我甚至冒着被老师扣分的风险，偷偷把饭带回宿舍吃。

那时的我太年幼，学不会享受独处，做不到感谢孤独，几乎要被孤独压垮。我越来越讨厌体育课，害怕体育老师宣布"自由活动"。我受不了自己一个人坐在操场中央，远远地注视着别人围在一起，好似被全世界抛弃。

于是，我迫切地想加入一些小团体，以便交到朋友。从前的课间，我都会捧着书去找老师问问题。如今不同了，我绞尽脑汁地加入别的同学聊八卦、追逐打闹的阵营。我甚至为了处理好与同学的关系，利用自己课代表的身份之便，包庇没有按时完成作业的同学。

考数学前，身旁的男生跟我打招呼："让我抄一下选择题的答案。"我一时竟不敢拒绝，心想：如果我拒绝了他，考完试他会不会到处说我小气，会不会跟大家说不要和我一起玩儿？就让他抄个选择题，其实也没什么吧？我的心怦怦直跳，手不停地捏自己的衣角，手心的汗不断地往外冒。最后，我将选择题的答案写在橡皮上，自以为隐蔽，将橡皮丢给他。橡皮被丢出去的那一刻，我脑海中紧绷的弦突然断了，一个声音嗡嗡作响——完了！

我努力盯着试卷，可试卷上的题都咧开了嘴，它们吵得不可开交，竟一起嘲笑我。手心渗出的汗令我握不住笔，而方才还清晰的解题思路居然四下乱窜。我心虚地回头看，不料正巧与监考老师对视。我的心瞬间沉到了海底。当监考老师捡起橡皮时，我竟然有种解脱的释然。最后，老师将我训斥一番，给了我考试成绩作废的处罚。

第二天，数学老师把我叫去了办公室。我忐忑不安，可预料中的斥责并没有降临在我身上。对于作弊，她只字未提，这反而让我更加心虚难过。我回到教室，这片小小空间里的空气仿佛被抽干，我趴在闷热的角落，将自己封闭了起来。

广播里播放着不知哪位同学点的歌，歌词写满了少年的心事。我想抬起头来透透气，却一眼看到了叶子。在同学们眼中，叶子是个"脾气很古怪"的人。她成绩优异，按照常理，学霸要想与人交朋友是很容易的，但她似乎没什么朋友。不过，对此她毫不在意，好像孤独是一件很值得享受的事。夏日天黑得晚，夕阳透过窗子给她的身影染了一层光，她一副"闲人勿扰"的姿态，在草稿纸上写写画画。我不忍心打扰她，悄悄地绕过她的位置，将后窗打开一半，探出头，目光贪婪地在一棵棵梧桐树之间徘徊。

忽然，我听见叶子说："小白，听说你很喜欢写小说。如果可以的话，能借给我看看吗？"我有些惊讶，却难掩脸上的喜悦。从没有人主动想要阅读我那些稚嫩的文字，我不免紧张起来，磕磕巴巴地说："我……我写得不好。"话虽这么说，但我还是快步跑到座位，将抽屉里的作文本拿给了她。她抱着我的本子歪着头笑道："我会小心保护它的，未来的大作家。"窗外的音乐戛然而止，她对我的影响却刚刚开始。

转机出现在又一次考试时。考前，我曾说自己不再作弊了，可临近收卷，身后的男生仍发送着暗号。我假装听不到，趴在桌上将试卷死死捂住。考试结束后，他略带怒意地瞥了我一眼，我之前苦心结交的那些朋友，也随着他的离开离我而去。我又开始了形单影只的日子。

一天放学，我眼尖地捕捉到了人群中气定神闲的叶子。她总是捧着书，步调缓慢却坚定地走着自己的路。我快步跑上前去，忍不住问她："你一直都是一个人走吗？"她说："对啊，我的性格有些古怪，和大多数人合不来。从前我苦恼于人际交往，把自己搞得焦头烂额，后来静下心想想，实在是没有必要。"慢慢地，我竟和叶子成了朋友。我们升入各自的高中之后，也一直保持着书信联络，互相鼓励着走过了艰苦的高中生涯。

如今，我已经快要忘记与她谈话的细节，她与周遭同学泾渭分明的背影却时常出现在我的记忆中。这就如同：旁人皆种玫瑰，声称浪漫，为了能与他们交好，我铲除了正在种植的小麦，转而去种玫瑰。最后我失去了小麦，可贫瘠的土地也已长不出一朵像样的玫瑰。

叶子不同，她不随波逐流，不羡慕玫瑰的浪漫，只守护着独属于小麦的温暖。为了与人交好，我失去了某些东西。正是那些失去的东西，让我明白了孤独的可贵，懂得了"朋友"二字的分量。这或许就是成长的意义。

后来，我不再假装拥有很多朋友，不再小心翼翼地去讨好任何人。我转身回到自己的生活之中，收获了属于自己的友谊。

成长是拥有敢于快乐的勇气

韩云朋

我得了一种怪病——快乐恐惧症。它不是很严重，只不过发病时的症状有点儿滑稽。

某个周末，一群朋友聚餐。大家寒暄过后，正准备大吃一顿，我却无意识地嘟囔出一句话，惹得朋友们哄堂大笑。那句话是：语文、数学、英语，政治、历史、地理……要知道，这些学科已和我告别多年，然而在那个轻松愉快的夜晚，它们竟从我嘴里挨个儿蹦了出来。

其实何止是聚餐，我发现自己在参加任何纯娱乐的活动前，都会不由自主地念叨一遍这句话，直至意识到自己不再是学生才安心。

怪病从何而来？恐怕得从学生时代说起。记得我小时候，父母有句口头禅：你还没如何如何，竟然敢怎样怎样？等你如何如何了，再怎样怎样吧！

考试结束，我和伙伴笑着聊天，父亲看到了便说："考得很好吗，就好意思笑？等成绩出来再笑吧！"尽管我笑的原因，仅仅是那天发生了一件有趣的事。

当我发现一个好去处，兴致勃勃地跟母亲讲时，母亲总会"善意"提醒："等你考个好大学，有了好工作，再考虑出去玩。"尽管我说的好去处，仅仅是离家并不远的一条小溪。

后来我才知道，父母的言论各有依据。父亲立足的是奖惩逻辑：学习就要吃苦，快乐不过是吃苦以后才配享有的奖励。母亲的依据是延迟满足：要先忍耐一大段时间，才能得到真正的快乐。

这两种说法都有道理，当我长大后才明白：父母的这番道理，只适用于学习和奋斗领域，而快乐这件事和它们其实是不冲突的。

可年少的我看不穿这一层，导致自己"不敢开心"，常做苦大仇深状，渐渐养成了"三省吾身"的"好习惯"。

渐渐地，我发现身边的朋友也都染上了"快乐恐惧症"，有的还会经历一段十余年的潜伏期。一位昔日同窗终日不整理房间，穿着也是不修边幅。问其原因，他无奈道："尚未登上人生巅峰，在意这些琐事有何用？"可直接奔成功去的路似乎反倒是最长的——他并没有因为交出快乐权而提前成功，可谓"赔了夫人又折兵"。

与之相对，另一位事业有成的同学却在席间感慨自己能把握用户心理，多亏父母当初允许他玩游戏。这话当然不是鼓励大家从小沉迷游戏，但它起码可以减少一些对快乐的罪恶感。

没错，生活需要快乐，需要一个人有爱好、兴趣、仪式感，以及对学习以外的领域，保持那么一点点好奇与关心。往大了说，这叫人间烟火气；往小了说，这能给你一点儿生命力。也正是因为有这些快乐的事物，漫漫人生路才值得我们继续前行。

成功遵循的原则是"憋大招"：必须经历一番彻骨寒，才能达到某一个点。而幸福的逻辑是给自己设计"小高潮"：生活之美俯拾皆是，只要我们拥有一双发现美的眼睛和一点点敢于快乐的勇气。

即使在假期，需要写作业、上辅导班，或者提前准备功课，你也可以找一些能让自己快乐起来、能让生活有趣起来的事情。

　　然后你会发现，人是可以且有资格快乐的。不论你正处于哪个阶段，也不论上一秒发生过什么、明天又会有什么等着你，都不影响你拥有让自己快乐的权利。

　　你也不需要问快乐有什么意义，因为它本身就是意义。

谢谢曾经孤军奋战的自己

王小青

开学半个多月后，在上海读大一的学妹在微信给我发来了一段长长的文字。这个向来笑嘻嘻的小姑娘，突然甩出两个大哭的表情。

学妹说，自己好像被舍友孤立了，不管干啥都是一个人。她问我："你知道那种被孤立的感觉吗？"我看着这行字，沉默了许久，不由自主地想起了一些往事。

初三那年，学校强制每个学生都要住校。也许是因为更近距离地和他人接触，同学们清晰地感受到了我性格上的缺陷和对许多事情处理方式的不恰当。

慢慢地，没有什么人愿意亲近我，甚至还有男生给我起外号，说起我时不再是窃窃私语而是高谈阔论。

那时候的我不明白，为什么连自己"瘦"这一点也能成为他们的谈资，不是都说要减肥吗？很久以后我才懂得，因为他们不喜欢我，所以也不会喜欢一切和我沾边的东西。

有一次，体育训练结束后大家去食堂吃晚饭。宿舍楼的热水是以每层楼四个水龙头的量来供应的，所以我们洗澡前都要拿桶去走廊打水。

我快速吃完饭，第一个冲回了宿舍。看着摆在阳台上的七八个桶，我突然想，如果我帮舍友们打了水，她们对我的反感会不会少一点呢？于是，我就把她们的桶全都拿到打水处，接好水，等她们自己来提。

不久后，舍友们回来了。她们在得知我做的事情后，竟露出震惊和不耐烦的表情，用十分嫌弃的口气说："我们洗澡又不关你的事，你何必碰我们的桶呢？"

我尴尬地站在她们面前，隐忍已久的孤独、苦痛和压抑像岩浆一样随时可能喷发出来，但我还是咬紧牙关，任它们在五脏六腑间翻滚。

可以说，升学的压力远远比不上被孤立的痛苦。那时的我不知道能去何方，只能靠熬、靠忍，默默地承受着一切。

现在，我上大三了。如果不是学妹提起，我都快要忘记以前那个独自走在人群中、满心伤痕的少女了。

那种被孤立的感觉，真的太苦了，苦得我曾经每次和别人说起都会忍不住哽咽，苦得我以为自己这辈子都不会忘记。

可我还是一天一天地挣扎着向前，咬着牙撑过了很多因为梦到过去被惊醒而再难入眠的夜晚。我看了很多书，写了很多字，见了很多人，才终于走出了那条漫长又幽暗的隧道，成了现在的样子：有了天南海北的朋友，不再害怕跟男生说话；能把往事当下酒菜，笑嘻嘻地和别人说起；既能在聚会中放开自我，也能安然地享受一个人的好时光。

很多时候，我们都是因为没有很好地取悦一群人而被孤立。或许是源于一件小事，或许是源于一个"有罪可定"的瞬间。不管怎样，总有一个契机会掀开人性中的恶意，为我们招来嘲笑和伤害。所以有时，被孤立事件的发生仅凭概率。

被孤立的你不是有罪的，你也不是不值得被爱，排斥你的人也未必是邪恶的坏人，只是你们相处的环境，从一开始就决定了被孤立事件的发生。

多年被孤立的经历让我的性格里留下了自卑，让我深信自己身上有哪里不对，有什么地方错了。哪怕不知道是哪里，但我觉得就是它导致我无法被人喜欢，所以自己本身就是糟糕的。

后来在一本书里，我看到了这么一段话："有一个道理，你一定要尽早明白，因为有些人甚至一直到死，都没有搞清楚这个道理。如果是这样，那你这一辈子，都算活得不明不白。这个道理就是：'你要明白，这个世界上，一定会有人讨厌你。'"

生而为人，我们不可能获得所有人的喜欢。

我和心理老师聊天时，她也送给我一句很重要的话："过去的已经过去了。"是啊，我已经不再是过去的我，环境也不再是当时的环境了。

有时候，我们会因为被孤立的记忆过于深刻而歪曲对自身的认识，并因此早早地停下了靠近别人的脚步。

生活很坏，坏在我们每次松懈后对我们的轮番打击；但生活也很好，好在让我们带着伤痕走到了新的明天。

回望来路，我看着那个曾经在痛苦中孤军奋战的自己，轻声说谢谢，谢谢你的努力，终于迎来了一个还不错的今天。

我们手牵着手，一起对这些旧事做漫长的告别。无论如何，都请你相信，自己会变得更好。其实成长就是一个不断与自己和解的过程，我们所有的努力都不过是为了告别糟糕的过去，纵情走向更广阔的未来。

那些年，我们都曾是被孤立的自卑姑娘。

可是没关系，在你习惯了这孤独以后，在你终于学会自我疗愈后，你会遇到真正的知己，"酒逢知己千杯少"的那种知己。

你会成为更好的人。

打败过去，才能获得成功

张佳玮

　　幼儿园时的一个春天，我被妈妈带到纺织厂，放在宽敞的仓库里山一般高的布匹中，请仓库阿姨看着我，给我留下一堆从厂图书馆里借来的售价三毛八分钱一本的连环画。连环画每一页一幅图，一幅可以意会的图，或喜或怒，下面有浅显的解说文字。在我还只能约略将一些关于省份、河流和花朵的名字与语言对位的年纪，图画拯救了我：它们是连贯的断片，连缀成一个个故事，可以与电视屏幕或现实生活辉映。

　　我识字之后，最初与我做伴的是《杨家将》《说唐》《三国演义》和《东周列国志》。于是白马银枪、辕门刁斗、沙场尘烟，成了我最初的幻想世界。每次读金戈铁马读紧张了，就抬头看看暑假的晴朗天色，很容易消解这种恐慌。就这样，我读了《水浒传》《荡寇志》《三国演义》，以及金庸的武侠小说。那时我当然不明白，在《鹿鼎记》末尾韦爵爷如何难倒了黄梨洲等四名大家，以及成吉思汗自问是否英雄时的酸楚意味。只是读这些古代故事，流连于塞北江南、青山绿水、衣袂长袖、刀枪剑戟之间。

　　小学毕业时，我读了李青崖先生译的《三个火枪手》。本指望看到豪侠击剑，却被老版小说中的插图迷住。骑士帽、击剑短裤、剑与酒杯、巴黎的旅馆与衬衣。于是顺理成章，那一夏如蚕食桑叶，沿经顺络地跟着线索读。再是读了巴尔扎克的《高老头》，书中的拉斯蒂涅年轻气盛就想在巴黎当野心家……我关于兵戈剑侠的爱好，被欧洲的街道剪影取代。

是的，我大概是从小喜欢读书和写字。

小学时，在我的记忆里，看那棕色的球旋转着，在木地板上敲出咚咚之声，加上球鞋摩擦地板的吱吱声，让空荡荡的球馆显得尤其寂静。我坐在场地边上，看着他们跑来跑去，看我爸爸和他的同事们来回奔跑。球飞向篮筐，一次又一次。

我曾经在电视上、在学校或者在某个工厂的篮球场上，看到一群人在烈日下奔跑着，将一个球抢夺又抛出，球在一个破旧的铁筐上飞舞跳动。到黄昏，我看到一两个或者三四个不高大也不健硕的身影，在篮球场上轮流做着机械而简单的练习。球也许会滚到脚边，然后，疲惫的练习者转过布满汗珠的脸，请你将球抛回他们身边。

"哎，帮忙抛一下！"

是的，我大概从小喜欢篮球。

2002年我去上海读大学，父母给我定了电子商务专业，我跟父母订了个协议：

大学的一切，我自己来。我会拿到学位，不至于中途退学。前提是，我做什么，父母不能管。

大一到大二，除了完成学业，我自己默默写东西。那时我没多想什么，只觉得自己喜欢写东西，那就继续吧。到2004年3月大二下半学期，我出了第一本书，拿到了第一笔稿费。我拿稿费买了一台笔记本电脑，剩下的拿去交了三个月的房租。于是我离开学校宿舍，独自居住了。

到2006年，我大四，出了第四本书。大学毕业了，我没想去找工作。知道单靠写东西养活自己很艰难，是后来的事了。

2007年3月，北京某学院找了我以及一些同龄作者，去开了个会议，大概意思是：先到此学院来学习一段时间，然后进入各地某协会，最后进入全国某协会。我感受了一下氛围，盘算了一下，回到上海，开始写体育专栏——因为我大概明白，自己得靠写点什么活下去；那么，写什么既不用加入组织或挂靠单位，又能遂自己的意愿呢？

我小时候是看着打篮球长大的，那自然就是写NBA(美国职业篮球联赛)啦。

也是2007年夏天，我决定去巴黎。为了攒钱，我开始加大工作量。2008年至2010年，我还兼职在上海某频道做了解说嘉宾。当然，最初去做解说嘉宾，也多少是为了圆自己中学时给父亲吹的一句牛："将来，我自己要去解说篮球！"

现在想起来，都是小时候在心底扎的根。

2008年至2012年，漫长的折腾和准备。我来者不拒地写约稿挣钱，在上海找法语课上，之后，申请学校、准备材料、做公证、考试、面签、递签、被拒签，重新上课、考试、面签、到银行开账户流水、找房子、递签……

2012年8月底，我第二次去面签时，面签官说觉得我似曾相识，她记得我是那个"写字的男生"。

用法语对答完后，她开始问我英语问题："聊聊你对巴黎的想法。"

我说，我读的第一本西方著作是我爸收藏的《三剑客》，里面的达达尼昂年轻气盛，什么都不知道，就跑去巴黎。第二本西方著作是巴尔扎克的《高老头》，书中的拉斯蒂涅也是年轻气盛，就想在巴黎当野心家……有些念想是小时候就有的，可能到最后会觉得天真，但总得到过那里再说。

然后，面签就通过了。

2012年秋天我到巴黎前，有一位编辑替我担心，说我出了国，是不是国内的关系会全部断裂，以后怎么生活？我说，不知道，但只要还能写东西，就不算糟，慢慢来吧。

然后，我就慢慢来到了眼下这时候。2012 年至 2015 年，这位编辑老师为我出了四本书。她说："你总说慢慢来，但写东西可一点儿不慢啊！"

偶尔会有人问我："做自由职业是不是很自在很开心，是不是特别轻松？"

其实并没有那么简单，世上的事，苦和累总得占一样。

自由职业者做到后来，大概都有这种感觉：

小范围内，享有一定的自由，但也得担一些风险；大尺度上，并没有那么自由。

因为自由职业者首先有养活自己的压力。即便不必为生活担忧，大多数人也都希望能在足够短的时间内更高效地完成工作，并收获快乐，不希望浪费时间。而这种"不希望浪费时间"，会始终驱动着自己。所以，自由职业者知道自己有更多的可能性，知道自己境遇的起伏和自己的认真程度是相关的，甚至越认真工作，就可能收获越多的自由。所以，自由职业者真正需要说服的，通常不是老板和家里人，而是自己。

回头看看我自己走的路，如果有什么教训，那就是：

当暂时迷惘不知道该怎么做，或者闲下来却又有罪恶感时，那就去干活吧——不一定是写东西，可以是读书，也可以是锻炼。总之，朝自己喜欢的方向做点儿什么。

2014 年我开始跑步，慢慢学会了更多的东西。

以前不跑步时，我会相信心情决定一切：心情抑郁了，一下午都不动弹，容易累。跑惯了之后，我会第一时间思考：是不是身体缺水？是不是坐姿不对导致的疲劳，疲劳反过来影响了心情？

跑步会让人成为一个唯物主义者。跑惯了，你很容易就明白，意志和情绪其实是受身体状况摆布的。

跑久了，真的不用检查身体，一是身体会比不跑的时候好一些；二是身体哪儿不好了，跑步者比不跑步者大概要明白得早一些。

于是到最后，跑步会让你对自己的身体有相对的控制能力。你会相信身体是一架机器，你知道如何保养、如何摄入营养、如何驱动、如何训练。

应用到其他事上，也是如此。

对自由职业者而言，早起这事一开始最痛苦：克服疲倦、体温及其他各种生理不适，硬爬起来了，总情不自禁地想找个借口继续睡；但过了这一阵儿，就有一种"哎，好像白捡了半天"的感觉，好像逃课成功似的，清净爽朗。而且到下午想睡个午觉，也心安理得："这不是早起了吗？补个觉也应该。"晚起则反之，爽一小会儿，罪恶感持续一天。

坚持跑步和写作，也让我明白人的潜力是很大的。比如说，告诉2007年的自己：你可能以后每天都得写一两篇稿子，那时的我一定瞠目结舌。但你习惯了这种分量，就像做无氧力量训练，不断给自己加力量，就会发现，还好，还承担得下来。

也许，跑过步的人一般都会有同感：比方说，你用5分半的配速跑，跑了两公里累了、喘了，走走跑跑，磨磨叽叽，最后可能用一个小时才跑完5公里；但是如果你适合的配速是7分钟，你可以不停地用35分钟跑完5公里——一时的快当然很爽，但以适合自己的节奏不停地跑，最后可能会跑得更远。

以前写到过，哪怕我在旅途中，也可以写东西。这种技能并非与生俱来。我也会在旅途中觉得闷，觉得不想写东西——就像每个跑步者都会瞬间涌起"今天不想跑，歇一天吧"的心情。但如果习惯了这种负担，就无所谓了。

一切都是在觉得厌倦或低潮的时刻，朝着自己喜欢的方向——无论是工作、读书还是锻炼——迈出一步。

　　人生就像一场马拉松，踏出第一步之后，更要一直勇敢地跑下去。一路上会有艰难、痛苦、不易，只有不断尝试突破旧我，打败过去，才能获得成功。如果一直等待、停滞不前，就永远无法触及终点。

我就是很努力，有什么好笑的

李开春

现在流行一种说法："你必须足够努力，才能让自己看起来毫不费力。"

我对这种心灵鸡汤式的说法并不认同，为什么要让自己看起来毫不费力呢？从什么时候开始，我们这么害怕表现出自己很努力？

我从小到大听得最多的一句话是："你（我）怎么（要是学习）这么爱学习呀（肯定比你强）！"每次我都会回答："对啊，我就是爱学习呀。"

我是别人口中那个"学习好的孩子"，但我从来不和其他成绩好的同学一起玩，原因只有一个：太累了。

好学生的圈子，大家学习都好，默认的规则是：如果取得同样的成绩，100%努力的人是书呆子，50%努力的人就是天才。

就好像那个笑话："学霸"之所以考100分，是因为他的实力只有这么强；而"学神"之所以考100分，是因为试卷只有这么多分……

我上高中时在重点实验班，老师按成绩排座位。每天早上，坐在前两排的同学，讨论的不是前一晚的数学作业和物理大题，而是最新的电视剧。谁看的种类多，看的时间长，谁就在这场无聊的攀比中占了上风。

我的前桌是个好胜心极强的人，每天变着法讲各种电视剧的进度。不仅如此，课间休息和午休时总抱着一本言情小说啃，还逢人就介绍。

但事实上，她妈，也就是我妈的同事，向我们描述，她每天看书看到凌晨3点。

而模拟考试前的课间操，简直是演技的巅峰对决。走廊里充斥着这类台词："我昨天玩游戏玩到半夜，根本学不进去。""我也是！一口气把小说看完了，我都怕一会儿在考场上睡着了。""我这个月上课都没认真听，这次完了，完了。"

我在20多年的好学生生涯中，遇到过太多这样的人。"学霸"们为了证明自己是天才，装作"不读书也能取得好成绩"来打击和迷惑对手。另一方面，他们可能也怕，如果努力了却没有成功，会遭到别人的嘲笑："你看他那么努力，不也就那样？"

我理解这种心情，人总希望给自己留一点余地，失败的时候起码还可以说，自己只是没有用功，而不是能力不行。

很多事情都是这样。社交网络上有一个博主，每天发各种美食图片，说自己从不刻意节食减肥，也不锻炼，但依然能保持完美身材。后来被粉丝扒出：事实上她从来不吃高热量的食物，三餐控制得很严，每次拍完照食物不是分给同伴就是扔掉，而且他每天去健身房，从不间断。

在人们的潜意识里，"毫不费力"似乎比"拼尽全力"更高级。人们羡慕天生就拥有各种"天赋加成"的人，所以拼命假装自己就是那样的人。

我相信世界上可能会有天生就瘦、天生就美、怎么折腾也不变样的仙女，也可能会有不努力也能比一般人厉害的天才。但是我觉得，靠努力维持住的好身材、好面孔、好成绩，一点都不逊色。

比起隐藏自己努力的人，那些自己偷偷努力，还对其他努力的人冷嘲热讽的家伙，更过分。

我大学同班有个男生，每天在宿舍戴着耳机，打开电脑上的视频播放器，让人以为他是在看电视剧。

实际上，他的视频永远是暂停状态，显示屏的角落里是各种学习资料。有人经过的时候，他还会故意频繁敲击鼠标，装作在玩游戏。他还会时不时转头问室友："哎，你们不杀两把吗？"

看到同寝室的同学在学习，他还会忍不住吐槽："你学习好努力、好认真啊！"看到室友出门，必定追加一句："又去图书馆学习啊！"自己去图书馆碰见室友，立马解释："来图书馆蹭会儿空调。"

这样做真的好吗？

自信的人不会阻止别人努力，只会让自己加倍努力。之前看到娜塔莉·波特曼接受访谈，被问到怎么看待努力和幸运。她回答："在学校的时候，总有人得到好成绩之后还要说自己几乎都没学。我在心里说，我知道你学了。世上的确有人不用付出很多努力就能获得成功，可能是因为幸运，但是我不期待自己是这样。"

不可否认人需要幸运，但更需要的是努力。我觉得躲躲藏藏不让别人知道自己有多努力，很不大方，这会让努力了却没有得到回馈的人感到不公平。要诚实面对你获得成功的过程，同时也不要对自己的努力孤芳自赏。

这样才对。

我述我，不论平仄或正格

被困在讨好里的人

陈　峰

在生活中，我们总能遇见这样一群人，他们过分在意他人的看法，总是试图迎合他人的意愿，最终将自己困在无尽的讨好之中。他们努力磨平自己的棱角，将自己塑造成他人眼中的"合格品"，却在不经意间丢失了真实的自我。

这类人总是以他人为中心，从不计较个人的得失。表面上看，这似乎是一种谦虚，但实际上，它更像是另一种形式的虚伪，一种彻底的伪装。长此以往，他们不仅会失去自己的本心，还会完全沦为他人的附庸，缺乏主见，习惯于听从他人的想法。

我曾有一只宠物狗，并非名贵品种，只是一只普通的土狗。记得那次返乡，我为家人挑选礼物时，路过一家宠物店。店内猫猫狗狗堆满整个店面，它们被关在笼子里供人挑选。其中，一只小狗被单独摆在最外面的笼子里，还未走近，它就百般讨好地在笼子里上蹿下跳。

走近些，它叫得更加欢快，或许是想通过这种方式吸引我的注意，让我买下它。我仔细观察了一下，发现它的笼子最小、最破旧，摆放的位置也是最差的。

我刚想逗逗它，它就兴奋地大叫起来，声音很大，引来了店主的一顿训斥。我猜想店主应该不太喜欢它，因为他一直在向我们介绍其他的小狗和小猫，却始终没有提及这只小狗。

我又回到它的笼子前，这时的它已没有了先前的欢快，反而显得有些落寞，蜷缩在笼子里。看着它的样子，我有些动容。不知为何，我突然意识到，自己现在的处境似乎与它有些相似。

并非我自轻自贱，而是我当时的状况确实与它有着共通之处。我也像它一样，极力讨好他人，费尽心思。然而，得到的往往是不快乐的回应，有时甚至让自己心情沉郁。

它讨好别人是为了有个家，而我讨好别人则是为了工作顺利。我寄希望于自己的谦卑能引起他人的注意，但这只是我的一厢情愿。在之后的工作时间里，我依旧步履维艰。

于是，我开始思考，我真的要如此卑微地去讨好别人吗？

或许，我并不需要这样做。就像那只小狗想要一个家一样，我只是想要一份工作来养家糊口。这不是普罗大众中普遍的想法吗？付出劳动得到报酬，是天经地义的事情。我为什么要这样压榨自己、委屈自己呢？

我向单位请了假回家休息，这次我比以往任何时候都要坚决，不管单位是否同意，直接回了家。我对妻子说想回老家待几天，这是我以前遇到困难时常用的逃避方式。妻子欣然随我一起返回了老家。

晚上，我喜欢坐在阳台上发呆。看着小时候曾让我害怕的黑暗中的山林，我想，如果自己能像那里面隐藏的野兽一样该有多好，被黑暗包裹，谁也找不到。

少了城市五彩斑斓灯光的映衬，大山里的天空似乎更加暗淡。但满天星辰却异常明亮，这是城市里看不到的美景。尤其那颗从小陪着我的北极星，它远离星群，却依旧光芒万丈。与它相比，我终究暗淡了许多。这些年来，它始终如一，未曾改变。

我又想起了幼时奶奶说过的话，所有人都会变成天上的星星。

是啊，我们自己也是星辰。何必为了迎合别人的光亮而暗淡自己呢？那一刻，我满脑子都是让自己升空成为星辰的想法，挣脱现实的牢笼，不再费尽心思地去讨好别人。

要想不被困在讨好之中，首先要清楚地认识自己，明白自己的价值和独一无二。要努力爱自己，当你爱自己、看重自己时，就会发现别人的想法其实并不全都正确，甚至对你来说无关紧要。

只有自爱，才会被爱。一味地讨好，在外人眼里只会显得廉价。

还要学会拒绝，这不是自私，更不是不合群，而是表明你有自己的判断力和主见，不会像墙头的狗尾巴草一样随风摇摆。

最终，我买下了那只小狗，并将它送给了自己。我给它取名叫"顾忘"，意思是不要过分顾及别人的看法，从而忘记了自己和身边的人。我也希望从它的名字开始，我能成为一个真正有个性的自己。

回去的路上，妻子很开心。她问我是不是真的想好了，有什么打算。我抱着小狗一直沉默不语，直到快要进入小区时才对她说："我决定辞职，然后用一段时间去读书！"

"读书？"妻子很诧异，她不明白我所说的读书到底是什么意思。

我说："我决定去提升自己的学历，弥补这些年的遗憾。"

是的，这就是我为自己选择的一条路。既是为了弥补遗憾，也是为了提升自己。我听够了旁人对我学历低的挖苦，也尝够了年少轻狂的苦果。

杨绛女士曾说过："你的问题在于读书不多而想得太多！"我想，这句话适用于任何时候和环境。

这也是预防自己不被困在讨好之中的最后一步，也是最重要的一步。将自己的努力放在正确的方向上，努力提升自己。当你读书多了，自信满满又胸有成竹时，又何必成为那个被困在讨好之中的人呢？

在成为星辰的同时，我们也应有成为太阳的勇气。

靠讨好得来的朋友不是真正的朋友

艾润

一

我是最近几年才了解到"讨好型人格"这个词语的，"讨好型人格"就是在做任何事情之前都会先想一想别人的反应，以及做这件事情是否为了迎合他人的期待，自己是否符合他人的期待；在跟人交往的过程中，哪怕自己已经非常不愉快，也不会表现出来。她说自己不会表达不满和愤怒，明明心里不赞同、不喜欢别人的话，也要恭恭敬敬地表示认可。这些导致她在情感关系里很难发自真心地接纳旁人，在工作中也积攒了一些特别消极的情绪。

看到这个词的时候，我脑海里闪过的第一个画面是小学时的一名女同学。她有一个朝气蓬勃的名字——明兰。可她本人并不如名字那般有朝气，总是有点胆怯的样子，班里的同学不管谁找她帮忙，她都不会拒绝。有同学临时有事没办法值日，找明兰；体育课上没人愿意捡乒乓球，找明兰……没人愿意做的活儿、脏活儿、累活儿，都可以找明兰，并不是因为她有能力搞定一切，而是因为她好说话。久而久之，同学们使唤她好像也成了习惯。

于是，擦黑板、擦窗户的工作总是她来做。放学后，经常会看到瘦小的她拎着水桶值日。有时候我看到人手不够，就会去帮忙。

我曾经傻乎乎地问她："为什么不该你值日，你却要做这些啊？你喜欢值日啊？"

她摇头说："习惯了。"

"你不喜欢，可以拒绝啊！"我说。

她只是静静地看了我一眼，便继续扫地。我生气地跺了下脚，我也不知道自己为什么生气，但就是觉得不应该是这样的。

在我们还是小学生的时候，班里已经有了拉帮结派的现象，虽然大家凑在一起无非是聊电视剧和明星画报，可每个人似乎都不喜欢落单，哪怕对某个话题不热衷，也要插两句嘴，以显示自己跟得上潮流，与同学们合得来。

在这样的话题里，明兰总是显得很拘谨，她的存在感一向很弱，并没有什么人在意她贡献出来的话题。这一切看起来似乎都是很和谐的样子。直到有一天，有一名女同学丢了一支很贵重的笔，她怀疑是明兰值日的时候拿的。

那天只有明兰一个人值日，和她搭班的同学随便扫了扫地就离开了教室，没有人能为她作证。她就那样站在座位上，脸憋得通红，一直摇头。

班主任说会查明这件事，让明兰坐下。她还是倔强地站着，直到一节课结束才坐下来，趴在桌子上哭了。

那件事后来不了了之，那名女同学的笔似乎是落在了家里，但她并没有向被冤枉的明兰道歉，明兰好像也没有意识到自己需要被道歉。我看到过明兰讨好似的把苹果切好，送给凑在一起聊八卦的女同学们吃，脸上带着刻意的、有点尴尬的笑容，大家嘴上说着谢谢，可待她转身离开，就有个刻薄的同学说她太笨了，连苹果皮都削不干净。

我不知道明兰为什么要那样讨好和迎合别人。直到她转学那天，我帮她搬书时，她才道出了我的疑惑。她咬了咬嘴唇，低下头用微弱的声音说："因为我需要朋友。"

我站在那里看着明兰，对这个答案感到费解。

二

直到很多年后，自己的脸上也出现了明兰那种带着刻意的、有点尴尬的笑容时，我才吓了一跳。

那时候我刚大学毕业，在一家小的创业公司上班，公司主要做一些课程培训之类的业务。当时的领导是一个不太容易打交道的人，不管我做什么工作，她都会不停地挑剔，习惯性地指责，似乎永远在否定我。白天上班，我有将近60%的时间都在应付她的情绪：突如其来的暴脾气，以及把家庭琐事中的问题带到公司的尴尬。同事们有口难言，只能忍耐。作为她的直接下属，我经常要向她汇报工作。为了让工作进展顺利，我要先安抚她的情绪。

时间长了，我就养成了察言观色的习惯，根据她的脸色判断她的情绪。那段时间，我觉得自己充满了负能量，却不知道该怎么解决这种心理内耗。

为了能让自己在一个相对正常的工作环境里完成当日的工作，不因为花费过多时间安抚她的情绪而不得不把工作带回家加班完成，我做了好多尝试。后来，我慢慢地了解了她的脾性，情况确实有了一些改观，但我并不快乐。有时候早上起床坐在那里，想到要去这家公司上班，要面对这样一个领导，我会不由自主地哭出来。

这种坏情绪也影响到了我的人际交往，我得出一个结论：解决矛盾最好的办法就是不制造矛盾。于是，为了避免与人争执，我会习惯性地认同别人的观点，哪怕在心里觉得那是错的。

甚至，我对和我最亲近的朋友也是如此。以前我们之间无话不谈，有问题我会直接提出来。而今工作上大量的情绪压力让我开始觉得害怕，甚至恐惧争执。只要能风平浪静，什么都好说。我们有矛盾的时候，我会做先妥协的那个人；我们有分歧的时候，我就假装认同对方的观点。

可这样并没有把我们的关系拉近，反倒让我们变得越来越远。在亲密关系中，最怕这种自以为懂事的退让，其实委屈都憋在了心里，一旦出现契机，就会爆发。

我就在某一天爆发了。

朋友惊讶地看着我。过了一会儿，她拍拍我的肩膀说："你为什么不告诉我呢？我们都是这么多年的朋友了，如果你觉得我哪点做得不好，可以直接说出来啊！"

我看着她，不明白自己为什么变成了这个样子，看起来我是在寻求和谐，但换个角度来看，明明就是我预先设定了朋友不会理解我，便先向她妥协、先讨好她，这本身就是对感情的不尊重。

我坐在那里，向朋友哭诉我在工作中面临的压力。她静静地听我把所有的委屈都说出来，然后告诉我："你其实可以选择换一份工作，并不是所有的职场环境都是这样的，这份工作可能不太适合你。"

我就像当年的明兰那样，茫然无措，低下了头。

三

我突然不明白自己在这样的环境里坚持的意义是什么，想起自己曾经有好多次露出明兰那种刻意的、带点尴尬的笑容。我喜欢这份工作，但不喜欢这个环境，并且也无改变的可能。我所谓的适应环境的办法不过是不停地消耗自己。

有一次开例会的时候，领导突然对我说："因为你长得不好看，所以你是没办法去外面做讲座、搞培训的，就只能处理办公室业务。"

我愣了一会儿，然后鼓起勇气说："首先，我并不认同你的看法，外出做讲座、搞培训，看中的是资质、能力、口才，并不是你口中所谓的容貌；其次，我并不觉得自己的长相有什么问题；第三，如果可以，那麻烦你看一下自己的长相。"

说完这段话，我便离场了。我没想到后来领导给我道歉了，她说她是无心的，还抱怨我开不起玩笑。我只是一笑置之。

之后，我便辞职了。辞职那天，是那半年多的时间里我最快乐的一天。

四

希望我，还有当年的明兰，都不要再讨好任何人了。

靠退让得来的和平不是真正的和平，靠讨好得来的朋友不是真正的朋友。当年的明兰不明白，如今的我已然明白了。

那个乞求他人认可的孩子有多难

柳 似

刚上一年级的时候，我妈曾经断言我以后是上不了大学的。

那时我的成绩可以用"一塌糊涂"来形容，我曾将其归咎为年龄太小。但我那亲爱的母亲大人不这么觉得，在她那关于学习这件事过于久远的记忆里，成绩不好等同于懒惰、不努力。

当时的班长是典型的"别人家的孩子"，长得好看，成绩又好，每次家长会都是学生发言代表。最致命的是，她妈跟我妈还是老相识。开家长会成了我的噩梦，因为每次回家，我都要面对她的沉默。

到现在我还觉得，一个人表达不满，最有力的不是语言，而是沉默，是比鞭子还要伤人的冷暴力。就是这种压抑的沉默，让我一边怀念更小的时候遭受的板子，一边战战兢兢地数着距离长大的日子。

四年级的时候，我突然就像被打通了任督二脉，之前怎么都看不懂的加减乘除题像喝水一样简单，答案自然地涌入我的脑中。老师打满 A 等级的作业、一张张 90+ 分数的试卷，还有口头作文比赛二等奖的证书……我兴冲冲地跑回家，她却只是简单地扫了一眼，就把证书放到一边："我听你们老师说了，本来再坚持一会儿还能拿个一等奖……"

我想一定是我做得还不够好，才会让她转身前的表情那么失望。落日的余晖洒在院子里的青苔上，我的童年就此远去了。

不再需要别人提醒，每天放学了，我就自己搬一张小凳子坐在床边静静地写作业。有时候听着窗外嬉闹的声音，脑海里就会浮现她那天的背影。我的名次越来越靠前，直到占据年级榜首。

我并没有松一口气，我知道她一定还不满意，我必须考上重点高中。绷着紧紧的一根弦，我顺利地以第一名的成绩考上当地的重点高中。无数次的第一名让我建立起自信，直到高中生活的到来。

理科思维明显处于劣势，我却还是听从家人安排选择了理科。在重点班里每天过得小心翼翼，连最爱的语文课，我也逐渐对它失去兴趣。我永远忘记不了从课代表手上接过打着"58分"物理试卷的那一刻，之前建立的世界轰然倒塌。

我迅速把卷子塞到抽屉里，拿出课外书假装毫不在乎，心脏却难受得几乎揪到一块儿去。我变得越来越不爱说话，陷入自卑与自负交织的漩涡中无法自拔……

大二那年，学校有个全国性课程比赛的海选。有个声音一直在试图劝我放弃：优秀的人那么多，怎么能轮到你呢？即便那门课我的绩点是全班第一。每当我拿出资料想复习的时候，那种自卑就像锤子一样重重地敲在心上，努力的欲望瞬间烟消云散。

我开始陷入无比疯狂的焦虑。看着身边的人学习、搞科研、参加各种竞赛，他们越往前走，我越觉得他们的世界遥不可及。有一天晚上因为社团工作没有学习，我在床上辗转反侧，一种难以名状的罪恶感从心底冒出来，有个声音在脑海里一直挥之不去："你为什么不能再努力点儿？"连不够努力也成了自我指控的缘由。

有一次回家，大人们在谈论孩子教育问题，我开玩笑地说："妈，你以前对我打击挺大的。"

我妈笑着说："那还不是为了防止你骄傲。要不是我的'打击'，你能考上大学吗？"

我笑着说"是啊"，眼角却有一股难以抑制的液体试图喷涌而出。我没有告诉她，因为她的打压式教育，我这些年苦苦寻觅被认可，一直生活在别人的阴影之下。

有句话说得挺好："被打击的孩子，不是更强大了，而是更硬了。软则韧，硬易折。"

我所渴望的，早落在了年少的沉默里。

你是否患了取悦别人的毛病

伍晓峰

你是否有时在答应某事或某人后又后悔了呢？那你可能患了取悦别人的毛病。无法说不，是一种控制力差的表现，因此按照我们的忠告去做，可以重新得到对自己时间的控制。

确定界线

我们需要明确的界线以确定我们在何处结束和别人从何处开始。如果你觉得很难说不，那你的界线可能是很动摇不定的。你可能太在乎其他人了。考虑你自己的需要，并在外表上也要做到。要记住，你有一切权利说"不"，即使你认为你应该说"是"。

在工作时说"不"

你本来计划晚上出去娱乐，而你的老板又一次让你加班。你怎么办？用"三明治技术"说不——说一些表示同意的话，然后说不，然后再说些同意的话。例如："当然，但我现在无法办，我明天一早就去办，怎么样？"

对家人和朋友说"不"

拒绝自己亲近的人可能很难，但这仍然不意味着你在任何时候都要说是。如果你的家人想要来看你而你又有别的安排，你必须确定界线。例如，可以对父母说："是的，我非常希望马上就见到你们，但是这个周末不行了。下个周末怎么样？"他们可能会很失望，但是你要坚决，避免急于证明自己是正确的。

对自己说"是"

说"不"的最好方法就是学会对自己想要的说"是"。

你需要把你自己和你的需要放在优先名单的第一位。学会说不，并享用你所得到的多余的时间、精力和空间。如果你这样做，世界绝对不会崩溃。从有利方面看，你的自尊、自重还有自信都将进一步提高。

你不需要讨任何人欢心

李少年啊

一

我最近听王瑞芸老师的课程《10件作品里的西方艺术史》，了解到这样一则故事：

美国有一个叫波洛克的画家，一出道就被捧上神坛，他的画作迅速在收藏界掀起一股热潮。

波洛克的绘画方式非常特别：拎着一桶颜料，拿刷子一蘸一甩，换一桶颜料，再蘸再甩，就成了一幅画。这种绘画风格让美国民众感到非常新鲜。他们认为，艺术家们终于在绘画上实现了充分的自由。

波洛克的出现，标志着美国抽象表现主义画派的成就达到了巅峰。

成名之后，波洛克不敢改变自己的绘画风格，画廊和评论家不让他改，他的太太也不让他改。为了继续创作，他几乎穷尽所有绘画手段。

1956年，波洛克44岁，死于车祸，实际上是自杀。

波洛克的死，让当时的人们扼腕叹息。为什么一个天才画家会在人生巅峰的时候选择结束生命？

我认为，让波洛克走向毁灭的东西，正是众人的肯定。

波洛克在被众人肯定的同时，心里也多了一份责任感。这份责任感对波洛克来说，过于沉重，使他不敢去打破别人对他的期待。

这份责任感就是：我不能让别人失望。

其实很多人都在承担这份"我不能让别人失望"的重任。

将"不能让别人失望"解读成神圣的责任感，会产生强大的摧毁力。

二

我8岁开始练武术，学习成绩也很好，每次参加学校运动会，我都是第一名，同学们都觉得我很厉害。

我很享受和其他运动员一起站在起跑线上时，听到同学的议论："那个就是×××，她特别强。"我也很享受那种走在路上被低年级学弟学妹认出来的感觉。

为了不让老师和同学失望，我更加努力地训练，并争取到了参加市级运动会的资格。

但是真正到了市级运动会赛场，我却慌了。

我的竞争对手里有不少体育特长生。我一边惧怕于对手的强劲，一边担心同学和老师会对我失望。经过激烈的思想斗争，我还是觉得自己无法承受比赛输了之后的压力。

最终，我以肚子痛为由退赛了。

选择退赛并没有让我变得轻松。虽然我不用再担心别人会因为我输掉比赛而对我失望，可是，我对自己非常失望，那是我最喜欢的项目啊！

我为什么一定要承担这份"不能让人失望"的重任呢？当我无法承担的时候，一定要感到羞愧，一定要在心里骂自己一千遍吗？

学生时代，老师和家长为了让我们好好学习，会在讲完道理的时候，加上一句"不要让我失望"；步入社会，老板为了让我们鼓足干劲冲业绩，会在会议结束的时候，加上一句"不要让我失望"。在这样的文化背景下，我们所做的一切，好像都是为了不让别人失望。

我们当然应该由衷感谢那些对我们报以期待的人，但是我们并没有义务对别人的期待负责。一件事，自始至终，是我们自己完成的。成功了，最应该感谢的是自己，不用去说"我没有让你失望"；失败了，也只需自己承担，不用去说"对不起，我让你失望了"。

三

我们听过太多的人对我们说"千万不要让我失望"，我们失败后也常常对肯定过我们的人说"对不起，我让你失望了"。

如果这份压力对于你太过沉重，那么就放下它吧，对自己说："没关系，我不需要因为令人失望而感到抱歉。"

我们只需要专注于正在做的事情，努力不让自己失望就可以了。

这是你自己的人生，你必须让自己满意。

正如作家伍绮诗所说："我们终其一生，就是为了摆脱他人的期待，找到真正的自己。"

不要总给别人撑伞，淋湿了自己

林小白

一

从小到大，我都是一个乖乖女。父母跟别人谈起我，总会说："她从不让我们操心。"

我并非出生在独生子女家庭，所以从小就知道，有些事是有"潜规则"的。比如，我想吃某个零食，但我会主动把零食让给弟弟，这样父母就会说"姐姐真懂事"；我还会主动要求买便宜一点的自动铅笔芯，做作业不拖延，认真整理自己的房间，就为了能被父母夸一句"真乖、真懂事"。

后来上学了，语文老师在我的某篇作文下写评语："这篇文章辞藻华丽，但我更喜欢你以往的写作风格，这篇有点华而不实了。"于是，我的作文再也没出现过那样文绉绉的文风。数学考试时，明明我很快就把会做的题都做完了，剩下一大堆再看也看不出答案的题目，我想提早交卷，却忍住了，因为老师说过"态度很重要"。

再后来上大学住宿舍，我和室友有些合不来，但为了融入她们，当她们对某个女生评头论足的时候，我也会干笑两声；她们在看我不是那么感兴趣的节目时，我也会坐在一旁，和她们一起认真看完。当时的我觉得，只有这样才能让别人感觉到我确实是想融入她们的。

后来的后来，我工作了。第一份工作是电视台的记者，有位同事某天打趣地说："你以后别出镜啦，影响收视率啊。"我听完，愣了一秒，然后微笑着点点头说："嗯。"之后，我还真的是能不出镜就不出镜，就算迫不得已出镜了，也会在剪辑的时候把自己的镜头尽可能地剪掉。

直到今天，我回头看这二十几年，发现原来自己在这么长的时间里都在取悦别人。我始终在担心，别人会因为某件事，或是因为我的不顺从和不合群，而不喜欢我。

二

现在的我当然可以气定神闲地说"取悦自己比取悦别人重要得多"，但 5 年前的我，甚至更早的我，是无论如何也不会这样想的。

我常跟别人笑谈"我是一个人长大的"。在我成长的过程中，父母参与的部分少得可怜，跟大多数父母把孩子交给奶奶、姥姥管教有所不同，也没有哪个长辈来管我。但不管怎样，身为孩子，最想得到的关注自然是来自父母的。当父母不把注意力放在我身上的时候，我就会想让自己变得更好；就算无法变得更好，至少要变得更听话，这样父母才会对我说一句"真懂事"。

所以我上学的时候，特别想戴上"三条杠""两条杠"，特别想成为第一批戴上红领巾的人，第一批入团、入党的人。因为只有这样，我才有足够多的理由让父母注意到我，然而，每次都事与愿违。

直到 3 年前的一天，我母亲对我每次旅行都是一切决定好后才告知她而感到不满，她让我的父亲来跟我说"你不能这么先斩后奏"的时候，我才意识到，我好像很久都没有刻意取悦谁了。

三

我的叛逆期来得比较晚。在十几岁的年纪，我的叛逆被"顺从、取悦"取代了。即便我在很多个深夜都产生过要离家出走的念头，但天一亮，我又是那个文科有天赋、理科差到家的中学生。

即便到了大学，与室友不和一度激发了我强烈的叛逆心，我也只是在社交媒体上写了一些有的没的，并没有到让我马上打包行李搬出宿舍的地步。

直到这几年，越来越多的人觉得我做的事情有点不一样了。

比如，我"突然"变得很能攒钱。我完全靠自己，走过了6个国家。我把这些攻略整理成心得放在网上，意外得到了很多关注，也引来了不少评论。我也第一次在网络上尝到了被骂的滋味。

比如，我"突然"变得勇敢。找不到旅伴，一个人带上三脚架，就去旅行了。我也"突然"变得很会旅行。我喜欢旅行，也很擅长做旅游攻略，所以总能打造一次性价比还不错的旅程。

比如，我做成了在旁人看来很难做到的事情，拥有了一些支持者，出了书，在多个平台露脸讲课，还因为爱阅读、会写作而受邀去北京参加了直播。

然而，这些事情，都是我不刻意取悦别人后才有的成果。

四

我是突然意识到自己好像为别人活了很久，却没有认真地为自己活过。

我明明喜欢旅行，旅行花的都是自己的钱。但在我母亲向我表示，她对于我每年都去旅行而不把钱攒起来这一行为的不悦之后，我真的减少了自己的旅行频率和旅行的天数。

我明明很喜欢尝试各种各样的新鲜事物，但在家人说我为新鲜事物花钱都是在做无用功之后，我再次想要尝试一样新事物的时候，犹豫了很久。

我明明喜欢站在台上把一个观点讲明白，但在其他人表达自己想去讲的时候，我就会毫不犹豫地说"好啊"。

我总是不断屈就自己的想法，直到我第一次倔强地一个人去旅行。车上的其他人用不解的眼神看了我4天，即便如此，我也第一次感受到做自己想做的事，不顾他人的看法和言论是一件多么愉悦的事。

后来，我就越来越喜欢做自己了。喜欢做手工，就买一大堆材料自己做，不再因为别人的一句"这有什么用"而改变主意；喜欢下班后看书、看剧，就待在家里，不再因为别人的一句"你这个人怎么这么不合群"而担忧。

前一段时间，一位非常重要的朋友突然离世，让我更加明白，别以为一辈子很长，有时候，它短到你都无法相信。为了不让自己留下遗憾，为了来这人间一趟是有些意义的，我们至少应该做一些为了取悦自己而做的事情。活得越来越像自己，这可能也是真正成熟的标志。我爱我现在的状态，希望你也是。

自己做选择，比选择正确更重要

〔美〕彼得·巴菲特

我在斯坦福大学读一年级时，遇到一件事，它让我真正懂得了自由的可贵。

有一天，我经过宿舍走廊的时候，听到一个女孩正通过电话动情地说着什么。这个女孩我认识，我不希望偷听或介入别人的事情，于是小心翼翼地走开了。过了一会儿，她沿着走廊哭着走了过来。

我问她发生了什么事，这才知道，她是喜极而泣。她刚才是在给自己的父亲打电话，并跟他做了一次倾心交谈。她告诉父亲自己现在有多么不开心，多么不知所措，告诉他如果自己继续沿着现在这条道路走下去，未来只会是一片黑暗。她父亲听她讲完之后沉默了一会儿，最后终于同意她不必非得做医生。她父亲答应，她可以遵循自己的意愿，去当一名律师。

我的同学擦掉眼泪，她的压力得到释放，现在几乎要破涕为笑了。她问我："是不是太棒了？"

我站在那里，极力想找些安慰和鼓励的话，但满脑子想的只是：可以选择真好……但这就是选择吗？医生或律师，在所有能够实现的梦想中，你只有这两个选择吗？

我不记得自己当时到底说了些什么，或许我只是点了点头，但它引发了我对许多事情的思考。其中一个是关于选择以及不同的人如何做出选择的问题，另一个是选择与优势之间复杂而又矛盾的关系。

什么是真正的优势？大多数人只是通过金钱和金钱所能买到的东西来对优势进行定义，认为拥有优势就等同于拥有一个舒适的生活环境，能够享受华服美食，有一张洁净且冬暖夏凉的大床。这一切虽然美好，但这就是优势的本质吗？我想不是。

如果人生由我们打造，如果我们直面挑战去开创自己想要的人生，那么我可以很明确地说，优势的本质是拥有最广泛的选择权。

这又使我想到了斯坦福大学的那个同学。显然，她很占"优势"，她的家庭很富有，她享有接受世界一流教育的机会。从理论上讲，她几乎拥有无限的选择权。

但事实上，她的选择空间受到了家庭偏见的挤压，这种偏见狭隘地定义了什么是"好的""适当的""有社会地位的"职业选择。当然，我并不是说成为医生或律师有什么不对，只要这是一个人真正的理想。但对我的同学来说，她的个人理想似乎并未在自己的人生方程式中占据多大比重。家人在她身上强加了一个未来，至少在当时她逆来顺受了。

换句话说，一方面她的父母给了她无限的可能性，另一方面他们又剥夺了其中大多数的可能性。如果她想成为一名老师或舞蹈演员，将会怎样？如果她在无数的可能性当中，挑选了一个不太稳定但很有满足感的职业，又将怎样？

毫无疑问，这个女孩子的家人是为了她的最佳利益着想，他们希望她能够过上舒适的生活并享有一定的社会地位。他们希望她能够做出"正确"的选择。

但是，"正确"的选择没有必要都得是稳定、舒适或理所当然的选择，其他人帮我们做出的选择通常不能算是选择。如果只是僵化地、被动地接受，那就是对我们所拥有的优势的一种浪费。

爱的第一页是爱自己

益　粒

　　"不好意思，我有事，你找别人帮忙吧。"这句在我心中预演过无数次的话语，终于毫无阻碍地脱口而出，不再梗塞于喉，取代了以往那无言的默许。难以想象，直至高中时期，我才初次鼓起勇气拒绝他人的请求。虽然这似乎来得有些迟，但我却深感庆幸，因为那一刻，我终于学会了爱自己。

　　出身于教师世家，我从未体验过严父慈母的温柔，只有同样严格的双亲。这样的成长环境，让我对指令性的话语天生抱有恐惧，任何微小的失误都可能引发责骂。"听话"二字如影随形，我亦顺从地践行。没有叛逆期的痕迹，我在众人眼中始终是那个乖巧的孩子，朋友寥寥，性格内向。

　　或许无人知晓，我耳机中流淌的是摇滚乐队的激昂旋律；我沉迷于悬疑侦探小说的跌宕情节，渴望有朝一日能像奥莉佐娜那样，驾驭重型机车，在阳光下疾驰于蜿蜒的山地公路。这样的内心世界，我从未向人倾诉，只是默默深藏。我明白，与母亲谈论古典音乐会让她心情愉悦，与父亲谈及教师梦想会让他有更多话题，而与同学分享流行音乐和言情小说，能让我融入她们的讨论。

　　儿时的我畏惧表达，因为超出预期的需求等同于"不听话"，而不听话则意味着父母的愤怒、老师的责骂以及被孤立的恐惧。因此，我努力成为那个符合所有标准和期望的孩子。然而，我并非完美无瑕的机器人，贪玩的天性总会在不经意间显露。在父母的责备之前，是内心那个苛求完美的自我，对我进行更为严厉的惩罚。"为何他人能做到而你不行？你怎配成为我们的孩子？"这些话语如同利剑，一次次刺痛我幼小的心灵。每当此时，我便渴望通过满足他人的要求来获得认可。同学的随口请求，仿佛特意为我提供了忏悔的机会，我毫不犹豫地答应，只为享受那短暂的感激之情，以缓解对自我的不信任。我不顾一切地拼命付出，却因不计得失而背负越来越多的责任，从最初的自豪到后来的不堪重负，我仿佛成了背负沉重垃圾的流浪汉，却仍无法融入社会。

进入中学，我暗自庆幸逃离了原有的环境，意识到听话并不等同于合群。新的时期，新的同龄人，我选择隐匿于角落，变得更加沉默寡言。父母将此视为青春期的叛逆表现之一。我不愿看到他们失望或气愤的眼神，只能在外人面前强装热情，说着空洞无物的客套话，这不禁让我感到可笑。

直到那次，同桌恳求我代替她值日，而那天正好是文学社的报名招新。看着她急切的眼神，作为同桌的我理应答应。然而，"我……"嘴边的拒绝之词始终未能说出，只是如往常般点头应允。那一刻，我突然意识到，自己与儿时并无二致，依然无法表达自己的需求。我自嘲地笑了笑，却也无能为力。那个下午，秋风带着寒意，教室里只有我和我的影子。影子被拉得长长的，似乎渴望奔向热闹的招新现场。而我，却只能按部就班地完成着不属于我的任务。当我收拾完毕，操场已归于宁静，我想，招新活动已经结束了吧。寒风从后颈灌入，我不禁打了个寒战。书包中那份报名用的自创作品，被风吹动，掀起了一角。

同桌兴高采烈地归来，而我依旧淡漠如初。不同的是，这次她察觉到了我的低落情绪。她捡起掉落在地上的一页稿纸，眼尖地发现了我的作品。我迅速夺回，羞于示人，只是轻轻点头。在与她目光交汇的瞬间，我知道她看到了我眼角的泪痕和未消的遗憾。她紧紧握住我的手，没有直接点破，而是巧妙地想要弥补，同时小心翼翼地保护着我的自尊心。"小瑜，听说文学社明天有见面活动，虽然过了报名时间，但说不定还能加入。我陪你一起去吧。"我有些惊讶，不知所措，只是一个劲儿地点头。

我悄悄用手肘碰碰她，将文章递给她。她默契地沉默阅读。我远没有表面上那么淡定，内心的不自信如同吹不灭的火星，稍有风吹草动便熊熊燃烧起来。"小瑜，写得真好！"她压低声音，语气中满是兴奋。温热的气息拂过耳窝，带来一丝酥痒和温暖。

然而，计划总是赶不上变化。突然的课间小测打乱了我们的计划。作为课代表的我，在考试结束后还被老师安排收拾考场。看来是没有机会了，我失落地望向门口。"老师！小瑜待会儿要参加文学社的见面会，不能来收拾考场。我可以替她吗？"同桌突然举手，朝我狡黠一笑。老师看向我，我突然鼓起勇气说出了拒绝的理由。心中仿佛卸下了重担，又似乎增添了新的力量。老师理解地点了点头。就这么简单吗？我有些不敢相信。

我按照计划稍晚些时候到达会场。那其实只是一间简陋的教室，但墙上明确地贴着"始己文学社"的标识。这对我来说已经足够了。我找到负责学长说明情况并成功报名成为正式社员。这一过程太过顺利，以至于我一时没有意识到，自己又一次主动地提出了需求。

落座后，社长站上了讲台。时至今日，我仍清晰地记得那天文学沙龙的主题——爱。那时，我认为爱仅限于父母对孩子的关爱以及恋人之间的深情。然而，社长的解释却让我猛然醒悟。她温柔的声音从讲台传来："大家想到的爱有很多种，但爱与被爱的一生正如我们用生命书写的小说。爱的序章是'爱自己'。"仿佛一直处于真空状态的我被注入了新鲜的空气，"爱自己"这句话在我的脑海中不断膨胀，直至填满我的整个世界。我明白，当我勇于表达自己的需求时，我卸下的是那不必要的、为了满足他人而束缚自己的枷锁；而我收获的则是对自己需求的接纳与尊重。是的，爱自己才是一切爱的源泉。

如今，我依旧不善言辞，但我已不再避讳与人交流。学会爱自己让我真正学会了如何去爱别人。我会与母亲分享我喜爱的摇滚乐，让她感到开心；我会向父亲诉说我对机车的向往，得到的是惊讶与支持；还有我的朋友们，我们畅谈各自喜爱的文学作品。我更加勇敢地表达自己的需求，虽然也曾遭遇过不满和指责，但后果并没有想象中那么严重。

"爱自己才能拥抱整个世界。"我在日记本的扉页上郑重地写下这句话。

你可以拥有自己想要的生活

沈嘉柯

十几岁的时候，谁没想过未来呢？

中学时，我特别爱好文学，崇拜作家，爱看各种文学杂志。我看到林斤澜回忆汪曾祺时说："动动手指就来钱。"那时物价低，汪老随便一笔稿费，就足够大伙去味道不错的馆子撮一顿。

得，那一刻，我心中顿时升腾起了作家梦。我的作家梦一点也不神圣崇高，完全基于这么一个朴素的想法——写写就有稿费，可以吃好的，也不用风吹日晒雨打。我开始琢磨起投稿，很快，在武汉的一份小报纸上发表了一首诗歌。

回家后我才发现，报社寄给我的样报，被我妈拿去擦桌子了。她以为是垃圾广告。我哭笑不得。好在信封还在，里面还有一张纸，上面解释说，副刊为读者园地，没有稿费。

好吧，我就不生我妈的气了。虽然没有钱，但总算发表首秀之作了，这让我增加了几分信心。整个高中生涯，我都在文史哲科目上用功，成绩基本上年级第一。数学凑合，英语垫底。

高考后填志愿，我选中文，我爹一口否决："读什么中文系呀，将来不好找工作。"

"那选什么专业？"我不乐意了，中文在我心里是神圣的专业，是通往作家之路。

我爹笑着说："法律好，是现在的大热门专业。再说到了大学，课余时间还是可以弄你的文学。"

我就这样随波逐流去念法律系了。然后我发现，读法律也是可以发表文章的，大二时投给《光明日报》《中国青年报》的几篇法律文章，一两个星期后就发表了。样报和稿费寄到系里，收到时我高兴坏了，好几百呢。

我去校外餐馆把炸鸡腿、水煮肉片、酸菜鱼和雪碧、可乐点齐了，请上要好的同学一起大吃。这导致此后只要看见我的名字出现在报刊上，他们就主动出现在我面前约饭。

我爹没骗我，大学是自由的，学法律不耽误文学。参加学校的诗社，拿了个省共青团的诗赛特等奖；在杂志上发表散文、小说，稿费也不少。从此一发不可收。我终于过上了梦寐以求的、动动手指就来钱的日子，没毕业就买了电脑，提前迈向经济独立。

2002 年的年底，离毕业还有半年，我提前去了一个心理学刊物求职。老总招聘时直接要了我，理由也很搞笑，法律专业理性，你又能写感性的文字，招你很划算。

那时我已经不偏执了。法律也好，心理学也罢，不管什么专业、职业，消化了，不妨碍文学创作，还有益处。

这个经验，对我的三观改变很大。你说是感性好还是理性好？你说了不管用。对于他人来说，你能兼顾最好，因为性价比最高。

每当我看到突然就辞职去旅行、突然换一种生活的故事，心里都不以为然。因为这样的故事只讲了一半，不完整。

人生如逆旅，很多人在某一刻，会涌起一种逃跑的冲动。那一刻，你不想上班、不想结婚、不想愁苦、不想成功、不想拼搏、不想努力、不理睬社会、不关心人类、不要求鲜花赞美、不在乎诋毁，只想放弃一切，听从自己的心，说走就走，奋不顾身。

谁不想做自己呢？可是做自己，也是一件需要可持续发展的事。社会没有义务惯着你、养活你，哪怕你文艺得飞上天，你总有回到地面上吃喝拉撒的时候。

为了获得靠谱的自由，为了过自己想要的生活，我用了8年的时间来做准备。

我开始买房，开始储蓄。我从一个对经济、对理财一窍不通的人，渐渐变成一个略有了解的人。从拿到转正工资后的第二年开始，我就每个月按时零存整取。

我在各种媒体上，看各种关于房子的研究和争吵。可是，他们吵他们的，我想要有一套可以自己做主的房子。当你拥有了，你就不必再去浪费心力为这个东西烦恼了。

2005年，我在自己23岁时买房了。既然我有住所了，只需要按时还贷就可以了，为什么不换工作呢？我已经对当时的那份工作厌倦了。

我的一个作家朋友很反对买房，她觉得完全可以一直租房。后来她被房东驱赶，一气之下决定买房时，房价已经变成了天价，真的成为巨大的负担。她很不开心。

我一点都没有幸灾乐祸，也没有那种"看吧，当时不听我劝告"的想法。选择了一种生活方式，就是选择了为之付出的代价。遗憾的是，她原来没有自己想象得那么豁达，可以承受改变规划的压力。

其实，人生肯定充满了意料之外的事，世界上也没有什么完美计划，但是最起码，我可以做好自己该做的准备。

我问自己：你想要过什么样的生活？什么样的生活是你想要的？好像一下子无法具体形容。但是，我可以从相反的角度，来勾勒那种生活的轮廓。对，我很清楚，我不想要什么样的生活。

我不想朝九晚五，不想每天都花两个小时以上，堵在这个城市的马路上。我不想工作日起来的第一个念头是不要上班迟到被扣钱。

我不想坐吃山空，花光了这个月的，就没钱用了。如果生病了，都没保障。

我不想完全为了稿费，去写自己不喜欢的东西。虽然多多少少要写一些交差的文章，但大多数时候，我想写让自己高兴、舒服的文字。

我不想出去玩还要缩手缩脚，太精打细算，以至于到了目的地以后，没有真正的惊喜可言。

2007年的时候，我辞职了。

当我有了人生第一个20万时，我就在想，假如我完全不工作了，能不能不依赖他人，完全靠自己吃饭呢？显然20万并不算什么。

我又想要自由，可以随心所欲地写东西，又不愁温饱，怎么办呢？我心想，这附近都是大学，再不济，把房子租出去，七八百块钱的租金可以有吧？我又不是那么贪心的人。我只想比银行利息多点，把它当一个母鸡，一个月生一个蛋，可以长久吃下去。

2008年的时候，我又开始看房了，下手买了一套小公寓，用来收租。

那是世界金融危机爆发的一年。在售楼部，我缴纳了全额房款。那个销售主管偷偷跟我说："你胆子可真大啊，现在都没几个人还敢买房了。"可是别人敢不敢，跟我有什么关系？我确信，吻合我的人生之路就好。

我给自己买社保、医保。我在比较宅的日子里，一年中，大半的时间自由散漫，还有一小半，会和圈内朋友约个饭局，了解下当下的行业情况，跟上风气潮流。

2010 年的时候，我开始收租了。一个背包，一个人，天南地北地独自跋涉。我不必跟父母交代什么，因为我完全养得起自己，而且照样在沿途写稿赚钱。我给了他们安全感，他们就给我自由。

2011 年的时候，我又去了一趟厦门，在大家都很想去的那个岛屿上，轻轻松松、认认真真地玩。

我想这就是我想要的生活。梦想可以照进现实，因为我心甘情愿地付出了代价，然后收获。

到今天，我并没有像那些特别有钱的人那样，物质特别丰盈。不过，我知道我的那些享受了父母福荫的朋友，动不动就念叨被插手人生。当然，得到了上一辈的好处，总得听他们的话。你的自我和自由，必然大打折扣。

我情愿自己年轻时过得累一点，心安理得过自己的人生。

这就是人生的真相。你可以拥有自己想要的生活，前提是，你真心为自己去活。

去接纳自己的不完美

杨熹文

我有很多不想让别人知道的缺陷。

比如，我笑起来很难看。

酒窝长在颧骨上，牙齿长得很崎岖。曾看过一张别人相册中我大笑的照片，我表情可怖、面部扭曲。导致我在很长的一段时间没了笑容，或者刚刚有了笑意，就下意识地掩住嘴。

比如，我的腿形很难看。

在最好的年纪我从没穿过裙子，总是用肥大的裤子遮身。我揣测每个人的目光，觉得那里面有评判的意味。我低着头，自卑而乏味地走过青春，如果有谁说起哪个人的身材曼妙，我的目光遥望，心里的羡慕，转眼就变成深深的苦恼。

比如，我没来由地恐高。

站在任何高于1米的地方腿就会发软。乘电梯永远不敢站在最外面，唯一勇敢的时刻，就是鼓起勇气上了"海盗船"，却在开始前大喊着"我要下去"。我就是这么一个胆小鬼，永远与刺激的消遣绝缘。

比如，我很抗拒人群。

把我放在人群中，我就会下意识地局促，额头会渗出汗珠，脸会红成一片。我不喜欢置身于热闹中，总是在寻找一点孤独。我看起来是那么地格格不入，可就是无法摆脱"一个人喝酒读书"的舒适区。

比如，还有很多……还有很多不想让人知道的缺陷，曾被我小心遮掩在皮囊之下。一个太过缺乏安全感的我，总是仔细辨认着别人眼中的自己——这个我，她有没有说错话？她做的事对不对？她有没有暴露缺陷？她够不够讨喜，够不够完美？

那些年我的生活重心是"做一个被别人喜欢的人"，哪里有什么做自己。明明有很多想法，却表现得怯懦，明明还有一些优点，却紧紧盯着缺点不放。被家庭管教太多的孩子是否都有同样的感受？我总觉得哪里有双眼睛，对我的每一个细微动作，都要评判分数。而我，作为选手，只想成为完美本身。

那些年我没办法面对他人的目光，当别人指出我的缺陷，我会哭，会难过，会睡不着。我狠狠地羡慕别人——那些比我好太多的人——笑起来有一对酒窝的女孩，模特身材的姑娘，勇敢蹦极的年轻人，八面玲珑的社交达人……

我因此陷入了迷茫，甚至有一点抑郁，因为没办法和自己和解，我讨厌这个不够完美的人，我不够爱她，更疏于去了解她。我没有意识到，我的酒窝长歪，眼神却是正直的；我的腿形难看，身体却是健康的；我恐惧高度，可是我对其他事情还抱有兴趣；我很害怕热闹，但我也赋予孤独足够的意义。我有很多缺陷，可这些缺陷无害，也是我独一无二的标签。

和20岁的自己相比，现在的我更可爱一些。那些爱上隐藏了缺点的我的人，早已经离开。我用几年的时间和自己和解，过程异常辛苦，却终于发现，最珍贵、最长久的情感，或者最快乐、最自由的生活，它们的根基，是一个懂得爱自己、包容自己、不会刁难自己的人。

常有年轻读者说"自己不够可爱"，见了面才知道他们是那么可爱。你可能有缺点，但你是那样特别，有性格，不乏味，让我在会面的数月后还能够记起，那是一个拥有生命力的人。

从20岁到28岁，坦率地说，我更爱现在的自己。我可以毫无忌惮地笑，可以在夏天穿露腿的裙子，可以坦荡地告诉别人"我不敢站在电梯的外侧"，也可以心安理得地表达"与热闹相比，我还是喜欢孤独多一点"。我变得有点"无所谓"，你喜不喜欢我都没关系，重要的是我爱自己，我爱这个有点笨、有点天真、有点不完美的姑娘。

"任何的褒贬都不做停留"，回味张艾嘉这句话时，我正在西安宾馆的电梯中，巨幅的整容广告贴了满墙。我饶有兴致地一个个看过去，那些姑娘真好看，是整整齐齐的好看，她们有我爱的酒窝和身材，也许不怕高，还喜欢热热闹闹的生活。

我却更加坚定，这个不完美的自己，之所以这么珍贵，是因为任何人都无法替代。

愿你内心丰盈，与时光落落为安

阿喵的卷耳猫

坐着摇摇晃晃的公交车，穿梭在陌生的城市里，听着我喜欢的歌手低声浅唱："谁说人生是公平的，它才不管我们想要怎样，很感激你那么倔强，我才能变成今天这样……"她唱给 15 岁的自己，而我要感谢 16 岁的"你"。

那一年我高一，从一所普通中学考入重点高中，喜悦的余温还未在暑假消散殆尽，现实冰冷的凉水就浇了下来。第一次化学考试，我只考了 56 分。那种想哭不能哭，却又很无望的感觉深深地笼罩着我。

然后有一天，有个人很自然地对我说："减减肥吧，你都快比我胖了。"直到今天我都清晰地记得，当他说我胖时，我脸颊发烫的感觉。

于是，每个月我都会按时拉着好友去报刊亭买与健身有关的杂志，里面五花八门的减肥方法，无数成功的案例，让我觉得胜利就在眼前——只要努力，我就会变成苗条时尚的大美人。可现实并没有那么简单，我依然是个胖女生。

我觉得自己的人生真灰暗。

那时，我很喜欢看小说，那些略显缥缈的故事让我痴迷万分。我开始为枯燥无味的生活写下一篇篇文章。其实哪有什么独特的素材，每天的生活无非就是上课、看书、吃饭、睡觉，可我竟然生生写出了一本"文学著作"。

窗前的新楼房盖了起来，挡住了不少阳光，我会写文哀叹光阴流逝；春日里气温骤变，我会难过于世事无常；偶尔学习到深夜，看着摆动的分针，竟可以盯着它许久，悼念昨日往昔……

你看，那时的情绪被放大得如此可爱。我们把自己当成世界，写着自己的岁月吟唱。

那一年，我喜欢的歌手发行了新专辑，粉红色的封面异常好看。她在视频中戴了一副硕大的白色耳机，坐在草丛中深情地歌唱。我跑到数码商城，找到了类似的白色耳机。可是它很贵，我攥着口袋里可怜的几张钞票，恋恋不舍地离开了。

我沮丧了很久，好像那副耳机有魔法，只要拥有它我就会拥有别样的人生。

后来我终究还是买下了它，为此挨了很长时间饿。虽然我买的不是同款，可那副耳机还是为我乏味的高中生活带来了一丝慰藉。

它很显眼，我只敢在放学的路上戴，耳机里流淌出的音乐分外好听。那时，全世界只剩我自己，一副耳机就可以隔绝所有的外界纷扰。

16岁的我，面对着人生中无数个"第一次"：第一次做出属于自己的选择，第一次心动，第一次减肥，第一次写文章……那个女孩倔强地坐在灯下，肉肉的脸庞，眼神却是坚毅的。她书写着文字，书写着习题，她相信终有一天自己会拥有别样的未来。

"有一天我将会老去，希望你觉得满意，我没有对不起那个15岁的自己……"今天，听到这首歌我也可以笑着说，我没有对不起那个16岁的自己。那副耳机早已被我丢在一边了，我虽然不再需要它的庇护，却依然感谢那些年它给予我心灵的慰藉。

不要把时间浪费在抱怨上

赵蕊蕊　口述

我对排球的喜爱深入灵魂。在幼儿园，别的小朋友如果哭闹，用一个玩具、一根棒棒糖哄哄就可以，但是用这些搞不定我——不过，一个排球就可以让我玩上一整天。幼儿园阿姨跟我父母说，这个孩子是为排球而生的。

我爸爸是排球教练，我小时候跟着他去球场，待在球筐边，给运动员递球。因为个子高，我从小就觉得排球场是我的世界，是我的舞台。最初我在老家打过两年篮球，但总觉得篮球不适合我，父母想让我选择排球，但他们还是让我自己做决定。

1994 年，我 13 岁。有一天吃早餐的时候，爸爸说，他们想送我去北京，去练排球，因为排球更适合我，对我来说机会更多。不过，如果我不想离开篮球，他们也不会勉强我。那天的早餐我根本没吃，我想了很久很久。人生不能面面俱到，有得就会有舍。那时候，内心有一个声音告诉我，我不想服输，想出去闯荡，想展现我自己，排球舞台可能更适合我。最后，我用细如蚊蚋的声音告诉父母，我决定去练排球。

我愿意出去闯荡，我爸特别开心，他总对我说："你的人生需要你自己走，我不可能永远陪在你身边，不可能你一有问题我就能站出来帮你解决，你必须学会长大。"就这样，十几岁的我坐了十几个小时的火车，孤身一人来到北京，开始了我的排球生涯。

排球是一个集体项目，需要团队默契配合。我爸爸经常说："你要练好自己的本领，让自己变得强大，才能在任何情况下都打好球。如果你天天抱怨这个、抱怨那个，你就永远不会进步。"爸爸的这些话对我真的很重要。

我很幸运，父母都在体育界，看得明白，也能教我。不过，他们对我真的很严格。本来一年的假期只有几天，回到家我还得接着训练，父母对我非常严厉，有时候我甚至忍不住会哭。父母给我的训练和教育，其实不光在球技和经验上，还包括对排球的理解，特别是教给我顽强拼搏的体育精神。我的成熟不仅是在技术上，更是在心理上。虽然我的身体条件比较适合打排球，但我心里也很明白，主力的位置是等不来的，我只能用尽全力去拼。

对于运动员来说，伤病就像一个老朋友。我每次受伤，父母都会很痛心，但他们总告诉我要调整心态，积极面对。他们会说，允许我流泪，允许我有一些伤心，但是不要把时间浪费在这上面。我爸爸对我说过："你能够把伤病哭好，那你就哭，天天哭；但是如果你的伤病哭不好，你就要知道怎样对你的身体好，怎样能够尽快恢复。"所以我在短暂的情绪低落之后会很快调整过来。

我在2004年雅典奥运会上经历的那次膝盖骨折比较严重。本来我就是用钢板支撑着膝盖上场的，可是开场才3分钟我就再次骨折。我当时很崩溃，为什么我的奥运之旅每次都这么坎坷！我只能号啕大哭，那段时间我每天晚上做梦都会梦到自己在奥运赛场上打球。

我受伤后，爸爸一直发短信安慰我。突然有一天，陈忠和指导跟我说，爸爸给他发了短信。我当时心里咯噔一下，担心我爸因为看到我被担架抬下去而情绪过于激动，对教练说什么不合适的话。可是，教练感动地对我说："你爸爸让我专心带队去比赛，由他们做父母的来处理你受伤的事。"我爸不仅替我分担了受伤的痛苦，还去安慰别人，体谅别人，这让我深受启发。

我是主动提交转业报告的。我曾经也想过做教练，把自己的技术和经验传给年轻队员，但我可能没有那样的机会。所以，我选择放弃。虽然当时挣扎了很久，但直到现在我都没有后悔过。每个人都会遇到低谷，你可以稍微发泄一下，排解一下内心的压力，但你真正要做的是努力奋斗，不要把时间浪费在抱怨上。

平时爸爸不苟言笑，对我的要求比较严。我从来没有听他说过"我爱你"。之前看电影，我从电影里的那位父亲身上看到了我爸爸的影子。如今我致力于写作，爸爸看到我写的书，反应很平淡，好像觉得这是一件很正常的事情。我妈妈会说："我们家老二写东西的能力是遗传爸爸的。"的确如此，爸爸在他的单位可是"笔杆子"。我有这方面的成绩，他们打心眼里高兴，还喜欢拿我的书当礼物送人。我能感觉到父母的爱，只是他们羞于表达。

我想对亲爱的爸爸妈妈说：谢谢你们给予我生命，养育我，呵护我，在我困难的时候给我力量。我还想对未来的自己说：世间所有的美好都不会在抱怨中产生，希望你做一个内心强大又平静，还懂得感恩的人。

看见被生活"淹没"的自己

李　佳

每次踏上旅途，世界便变得蒙眬起来。不仅关于"我"的定义剥离了，有些原本确定无疑的东西也开始变得模糊，像对美与丑、伟大与渺小、富与贫的判断，乃至时间的长度、人与人的差别，亦都不再那般尖锐。对于每一座城市的格调、生活模式，又都会有一种代入感，仿佛自己可以在各种情境中随意切换，安享片刻"非己"时光。在这样的时光里，我既非本地人，又非异乡人，我谁也不是，亦"不带走一片云彩"。

就这样，我变得不那么像我了，怎样都无所谓，对所有事都兴致盎然。能发自内心地欣赏宽宽窄窄的街巷、高高矮矮的房子、天马行空的涂鸦、琳琅满目的橱窗；能沉浸在旷野、大河、山峦，这些未经雕饰的美景中，能轻而易举地辨认出橄榄树和石榴花；能尽情享受每一个清晨、午后和黄昏，感到每小时乃至每分钟都充满意义……更要紧的是，能写诗了！自从近年我的诗兴在书桌旁枯竭后，每每踏上旅途，它就会自然而然被唤醒。

于是乎，随着旅行的深入，关于"我是谁"的问题更难解了。又或者，真正难解的，是"我"：无数个囿于世俗里的我，那些真实的我，和关于我的无限可能。这大概正是旅行的意义之一吧。

年少的光，
不应掩于自卑之下

花儿不再躲在阴影下

病鹤斋

一

少女时代最无奈的事是什么呢？大概就是不敢以一个少女的姿态自居，就像那时的我。高二时，原本脸上只是星星点点的青春痘，忽然如洪水一样泛滥开来，我开始吃含有激素的药。但是这些药对我没有效果，却让我除了青春痘还多了肥胖。

那时我17岁，喜欢穿宽大的校服。我胖得不能穿裙子，每天醒来枕头上都会沾满痘痘破裂的血迹……我已经失去了一个少女应有的青春姿态。最严重的时候，我甚至会赖在家里不想去上学，妈妈拎着我的书包呵斥我不成器。我手里攥着刚刚擦过脸上血迹的纸巾忍不住大声哭了出来。

我对妈妈说："妈妈，我的脸烂了。"

我记得最清楚的是，周末从繁重的课业中抽身去广场上喂鸽子，坐在一旁的老奶奶看着我的脸问："小姑娘，你脸上怎么这么不干净？"我手里握着玉米，身边围了一圈鸽子，我有些羞愧，也有一些愤怒，却无法逃离。鸽子啄食时，不经意地啄到我温热的掌心，连同老奶奶的话像针一样刺进了我的皮肤里，刺进了我百孔千疮的脸上。

我唯一能做的，就是多读书。我在半年的时间里读完了《老子》《庄子》，但我最终还是没能学会面对生活，鼓盆而歌。我努力呵护着自己脆弱而敏感的内心，但是自卑的土壤是很难开出花儿来的，因为没有足够的阳光。

但所幸我读的那些书，在高考中让我借到了力——我的成绩不断提升，最终考上了武汉大学。

二

大学，对我来说像一片新生的土壤。来自不同地方的舍友，交际广博的同学，看着光彩熠熠的他们，我有些羞赧地打招呼，却无法像他们那样完全打开自己的心。

因为害怕，也因为自卑。

当舍友们已经结交了多个新朋友相约熟悉校园环境，一起游览新的城市时，我却一个人躲在寝室。需要去校外买东西时，我也是一个人看着地图摸索着往外走，却因为方向感极差，在偌大的校园里走丢了。植被茂密的武汉大学，安静得像一座瑰丽而深邃的迷宫，而我就是那个在迷宫里走丢的小丑。

心里带着对迷路的恐惧和对自己无能的愤怒，我给高中好友打了电话，我的朋友虽不多却足够要好。我强颜欢笑对电话那头的好友说："我好蠢哦，居然在自己学校里走丢了。"但好朋友就是好朋友，几个字就听出了我的不对劲，她问我怎么了，我支支吾吾地回答说没事。

那一瞬间，好友似乎比我还愤怒，她在电话那头提高音量说："你是不是又觉得自己丑，又害怕跟人说话？我并不觉得你丑，退一万步讲即使你现在不够好看，那又怎么样呢？你自己又看不到。"

我想起高三在试卷中抬起头跟她开玩笑说："再苦几个月，我就要到大学里脱胎换骨，重新做人了。"

拿到录取通知书时，我兴奋地跟她说："武汉大学哦！全中国非常厉害的辩论队就在那里，我要去学辩论了，以后斗嘴你再也说不赢我了！"

那些受过的苦难，此时却敌不过内心的自卑。我走在错落的鹅卵石小道上，暗暗地问自己："我真的要这样龟缩在自己的世界里吗？"我鼓起勇气给新舍友打了个电话，她们远比我想象的热情，在电话里问我周围的标志性建筑。我跌跌撞撞地从林间走出，那一刹那我找到了回寝室的路，也找到了打开心扉的路。

三

那天晚上，我拿出夹在日记本里的辩论队纳新报名表，坚定地写下了自己的名字。全宿舍的人都和我一起填了报名表。

第一次参加社团的纳新，看着院办公室门口的人群，我紧张地攥紧了号牌。

我和舍友们互相祝福着走进了面试区，简单地做完自我介绍，又谈了谈自己对辩论和逻辑的看法，尽量克制自己声音里的颤抖与不安。当面试结束后，我才敢抬头看面试的学姐。学姐看着我抬起头，笑着说："你说得很有条理也很有见地，但是……"一听到"但是"这两个字，我的心好像坠入了冰窟。

"你为什么不敢看我呢？"

我本以为学姐会点评我叙述中的错误，结果她却只说了这样一句话，我不知道怎么回答，只是满脸通红地说："对不起，学姐，我有些紧张。""不要怕，告诉我你觉得自己说的观点是你想说的吗？"

我点了点头。

学姐笑着点头："那就行了，你要把你想说的用你身上的每一个毛孔说出来，不仅仅是语言，还有你的眼神、你的手势。辩论是一门艺术，除了逻辑上的博弈，很多时候还需要气势上的优势。你想说的，一定要自信地表达出来！

我希望下一次见到你时，你不仅有辩论的思维还有辩论的气场。"

四

那场面试让我第一次接触到大学社团，也给我上了一堂课。

很快，我就得到了第二次与学姐见面的机会，全寝室只有我通过了辩论队的面试。复试是一场小型的辩论，候选人根据考题相互辩答。

我进入复试考场时，才知道为什么会有人紧张得忘了词，考场很大，坐满了从大二到大四的辩论队队员。我仍旧很紧张，手心都是汗，指尖却是凉的。但我知道，战胜自己就在此刻！

我把准备好的稿子翻了过来，只留给自己一片空白。我默念着加油，场上的我似乎完全不一样了，虽然说话时还是带着颤抖，但我已经可以直视对手，可以看着场上20多位辩论队队员说清楚我要表达的观点。

当最后一个尾音落地，当对手跟我一起走出考场时说"你好厉害"时，我终于意识到，真正的脱胎换骨已然开始，我勇敢地迈出了第一步。

我在大学里做过班长，当过学生会干部，在报社做过实习记者，写过书，在电视台兼职做过编剧。我还是那个偶尔会羞赧的我，只是我不再害怕表达。

我意识到所有的交际都需要正确而真诚地表达，我想要的东西，想要做的事情，都要正确地表达出来，然后为之努力。所有的自卑都来自对自尊的小心维护，但自尊与自信不是别人给的，而是自己用现实的荣誉和工作成果换来的。

自卑的背后都有着一朵稚嫩而孱弱的自尊之花，但只要勇敢地迈出第一步，让花儿不再躲在阴影之下，便是另一番天地。

再卑微的人也有故事

李伟长

在盖伊·特立斯的《被仰望与被遗忘的》中，相对于那些被仰望的人物，他笔下那些被遗忘的灵魂更让我喜欢，从中我看到了大多数人的命运，包括我自己的。

盖伊写了一个纽约的地铁售票员。他卖了几十年的地铁票，发现来买票的人都苦着一张脸，或者面无表情，便贴了一张字条在窗口：请给点微笑，这活儿已经够辛苦了。果然，如他所愿，买票的人看到这张字条，都会心地笑了。

然而，售票员发现，乘客一进地铁车厢，笑容就自动消失了，脸上又变得毫无表情，重新开始推搡，陷入拥挤和胡思乱想。笑容瞬间去哪儿了？这个地铁售票员还发现了更多，他说："我注意到一件事，大多数纽约人习惯每天早晨从一个固定的转门入口进地铁，他们永远不会换别的门。"

当一个人的习惯越来越多，也就意味着这个人的生活越来越趋于稳定，趋于无变化了。固化就是自我的体制化。人们常常意识不到自我的禁锢和体制化。一边自愿沉迷于自我体制化，一边试图反抗外在的体制化，这便是大多数人的矛盾生活，也是被遗忘者的宿命。总有人不乐意堕落，总有人试图撕开沉闷的习惯，地铁售票员贴在窗口的字条就有着这样的意思。

都说人们常常不清楚，此生该走向哪里，但在地铁站，每一个乘客都知道自己的目的地，上班，回家，去出差，去开会，地铁也就成了过程，煎熬的过程。乖谬的是，虽然待在地下的时间短，但乘坐地铁似乎很容易让人焦虑，乘客急切地等着到站，从地下走到地上来。

售票员也好不到哪里去，每天从地上赶到地下卖票，看到的都是没有表情的脸，以及稀里糊涂的问路者，收钱，卖票，久而久之，他们不变得冰冷才怪。地铁售票员们的工作乏味、无聊、单调、磨人，笑容被他们扔在了家里，笑不笑没什么不同。年复一年，面无表情就成了一种习惯。

他们就是被遗忘的人，没人会在意售票员们的喜怒哀乐。在大多数乘客的眼里，地铁售票员和自动售票机没有什么不同，甚至后者因为没有脸，反而看着比面无表情的售票员更亲切一些。一个售票员如果连续干上 20 年，也许就可以这样表述：20 年来，有 60 多万人从他手里买了地铁票，而这些人，他可能一个都不认识。

还可以有这样的句子：他工作 30 年，平均每周做一个 PPT，共做了 1500 多个 PPT，一个小小的优盘就装下了，但退休时，他根本不想带回家；作为程序员，他一生写了几十万行代码；作为厨师，他一生炒了上万盘菜；作为快递员，他一生送了几十万个别人的包裹。还有接听了几万个电话的客服，写了几千份可有可无的工作报告的人，听了几千场会议的速记员……然后他们被遗忘了。大多数人属于被遗忘的人群，他们又会被谁仰望呢？

必须自己给自己找点乐子，不然这无意义的工作，会摧毁任何一个有趣的灵魂。记得看过一本叫《先上讣告后上天堂》的书，讲到《独立报》的前辈、95 岁去世的豪斯顿·沃宁先生，曾为 1.3 万多人写过讣告。

这能算成就吗，还是真够无聊的？我想，唯一的解释，大概就是他真的喜欢写讣告。很多作家一直不断地写，哪怕是重复地写，只是因为他们喜欢写，就像有的人喜欢打麻将一样。我父亲有个朋友，每天喝 3 顿酒，早上 2 两，中午和晚上各 3 两，一天 8 两酒，除非有事，否则雷打不动，喝了 30 年，没别的，他就是喜欢喝。

盖伊就像高明的摄影师，记录了许多人的生活，有擦鞋工、理发师、按摩师、地铁售票员、叫早员等从事各种职业的人，那些被遗忘者的故事融合在一起，正是一个热闹乏味的城市，正是那热腾腾的无聊生活。用盖伊·特立斯的话说："纽约是一个巨大的、无情的、被分割的城市。在这里，早报第 29 版上登的是逝者的照片，第 31 版登的是订婚男女的照片，头版上满是那些现在主宰着世界、尽情享受着奢华人生，但终有一天会出现在第 29 版上的人们的故事。"

如果注定被遗忘，那就自己给自己找点乐子。如果期望获得仰望，让记忆记住故事，那就像盖伊那样写下来。救出这些被遗忘的人，我以为就是文学的意义。

青春被虚荣烫了一个洞

花小鸭

我十七岁那年，读高二，每天背着如山一般高高耸起的书包往返于家和学校之间，废寝忘食、拼尽全力地为高考做着准备。

或许是我的努力起了作用，高二第一学期的期末考试，我的成绩排名竟然从班级的中下游成功逆袭到了第一名。为此，班主任特地给我妈打电话，说我是个可塑之才，坚持下去，高考时可能会成为一匹黑马。

我妈在电话这边假模假样地谦虚着，说我还需要再努力。电话挂断的那一瞬间，她都没来得及和我交代一声，就径直跑出家门，以最快的速度召集了左邻右舍。随后，我隔着厚厚的房门都能听见她那夸张的声音："今天晚上，我不和你们搓麻将了啊！我家孩子这学期期末考试考了全校第一，她的班主任特地给我打来电话，说我教育出了一个好女儿，说我家孩子聪明，一定能考上清华大学。晚上我得给她做点好吃的，搓麻将你们就另凑人吧。"

我坐在房间的沙发上，很想冲出去纠正她：我只是考了全班第一，不是全校第一；班主任只是说我坚持努力下去高考可能会考得更好一些，并没有说我一定能考上清华；还有，我的成绩能有所提升并不是因为我聪明，而是因为我努力，半夜你搓完麻将回来倒头就睡，我还在台灯底下默默苦学。但最后，

135

我什么也没做，只是暗自叹了口气。

或许也是因为受不了妈妈的这个样子，爸爸才会选择离开我们吧。具体的情形早已记不清了，我只记得那天天气很热，爸爸妈妈吵得很凶，声音大到让我听不清他们在吵什么。街坊邻居前来劝架，最后爸爸摔门而去，只留下了一句"不可理喻"。他走得那样决绝，甚至没有回头看我一眼。那天下午，他们两个人去了民政局。我躲在民政局楼下的那棵老树后面，看着他们越走越远，心里感觉空落落的。

那时是七月份，烈日像是会把人身上烫出一个洞来一样。

成绩公布的第二天，一到学校，我的座位旁边就围上来很多人。我能考全班第一，想必没有人能想到。

大家七嘴八舌，问我是不是之前都保留实力了，现在高考快到了才开始"真人露相"、大显身手。我默不作声，没有把我连着熬夜三个月做习题的事情说出去。同学们纷纷对我竖起大拇指，说我天赋异禀，他们看我的眼神中充满了钦佩和羡慕。

我好像突然之间能理解我妈在邻居面前故意夸大事实的那种心理了。众人赞赏、钦佩和羡慕的目光好像是一阵阵软绵绵的风，能把我托到云端去。

说到底，我和我妈其实是一种人，骨子里都流着一样的血。

旁边的同学摇晃着我的胳膊，问我这段时间晚上都是几点睡的。我定了定神，故作轻松地说："晚自习结束以后回家就睡了。"众人听完脸上钦佩的表情又浓重了几分。伴着上课铃声响起，他们一边往自己的座位上走去，一边唉声叹气地自言自语："唉，人家的脑子是开了光的，咱们的脑子就是榆木疙瘩。"

我长长地舒了口气，没有再多言语。

那天是周一，学校举行升旗仪式，我因为肚子痛，向班主任请了假。从厕所回教室的时候，我站在教室门外听见了自己的名字。

"没看出来林子一其实还挺厉害的，期末考试竟然考了全班第一。最近班主任对她和蔼了不少，不是值日生竟然还能请假不去参加升旗仪式，简直是班主任的新宠啊！"

"你还嫉妒上了？有本事你也考全班第一啊！"

静默了几秒，随后我听见一个放低了音量的男声："不过你说，是不是学霸都长得一言难尽啊？我第一次见林子一还以为她是个男生，长得一点也不小巧可爱，感觉应该不会有男生喜欢她。"

后面的对话我没有再听，我放轻脚步，转身重新走回了厕所，心里像是被什么东西堵住了似的，莫名地难受。

直到升旗仪式结束，我才从厕所里出来，尾随着回班级的人群走进教室。

回到座位以后，我心跳得很快。我微低着头，目光却紧盯着门口。当同桌姜思瑶大喇叭似的和旁边的同学在说隔壁班的"班花"又收到几封情书的时候，我深吸了一口气，正了正身子。

姜思瑶回到座位上，我假装从书包里掏书，手却故意带出了那封信。信掉在地上，姜思瑶低头去捡，我几乎能在嘈杂的环境中听见自己的心跳声。

下一秒，姜思瑶已经起身："我的天，这是姚旭写给你的情书吗？"

我假装有点恼怒，皱着眉头从姜思瑶手中抢回了那封署名的信，却对姜思瑶的话故意没做回复。

紧接着，全班同学的目光都被姜思瑶吸引了过来，她将两只手像扩音喇叭一样放在嘴边喊："天啊，隔壁班的'班草'竟然给林子一写情书了，大新闻啊！"

我的脸十分合时宜地红了，所有人都以为我是害羞了，只有我自己知道，我是因为心虚和紧张才脸红的。此刻，我身体里的血液像是被烧沸了一般。

立刻有一群人跑过来围在我的座位旁边，讨论起这个大新闻。

姚旭是隔壁班的"班草"，品学兼优，几乎每天都会有不同的女生去隔壁班的后窗那里偷看他，给他送情书和礼物的人更是接二连三。如今，这样一个人给我写了情书，很难不让大家对我刮目相看。

众声嘈杂间，我偷偷抬眼去看刚刚在教室里讨论我的那两个男生，只见他们满脸都是诧异和不可置信。

因为连着两件大新闻都发生在我身上，一时间我在班里的关注度高了不少。我很满意这种现状，感觉像是在一片黑暗中，独独有一束聚光打在自己身上一样，我的虚荣心像是阳光充足、雨水丰沛下的藤蔓，弯弯曲曲地长到了云端。

班主任叫我去办公室的时候，我正在给几个同学讲一道数学题。我利落地站起身，挺胸抬头，感觉自己是去领奖一样，但其实我内心很慌张，像是早有预料一般。

到了办公室，我一眼就看见站在角落里低着头的姚旭，我的脚步顿时迟缓了几分。

班主任把我领过去，随后和姚旭的班主任对视了一下，姚旭便被带出了办公室。班主任把门关上，声音依旧和蔼："老师听说姚旭给你写了情书，是真的吗？"

我猛地抬起头。我从来没想过这件事情会传到班主任的耳中。

我心慌地咽了一口口水，缓缓低下头，没说话。

班主任又说："是这样的，姚旭的班主任听说姚旭给你写了情书，想听听他的想法，但是姚旭怎么都不承认这件事情，所以老师把你叫来问一下。不过你不用害怕，这件事情你是没有什么过错的，你只需要告诉老师实话，姚旭是不是给你写了情书？"

我感觉自己已经紧张到要窒息了——要和班主任实话实说吗？如果那样

的话，同学们会怎么看我？可是我不说实话，姚旭可能就要被冤枉了，到最后他可能还会因为死不承认被请家长。

我突然有点为自己之前没经深思熟虑就编排出的那个谎言后悔。

班主任见我没说话，以为我是想替姚旭打掩护。她失望地摆了摆手说："你先回去，回去好好想想。"

我没说话，低着头弓着身子从办公室走了出去。

在办公室外面，我又看到姚旭和那位一脸恨铁不成钢的班主任。只不过一秒的视线交错，我就看见姚旭的目光中充满了轻松和感激，那样子好像是在说"幸好有你替我作证"。

我离开办公室的脚步加快了几分，走廊的风一阵又一阵地吹在我的脸上，泪珠被吹碎在风中。

姚旭确实是个品学兼优的好学生，热爱学习，尊敬老师，所以他根本不会去写什么情书，更不会欺骗老师。他确实给我写了一封信，却不是什么情书。上学期期末考试，我的语文成绩考了全年级第一名，作文被印成范文分发到全年级同学手中。姚旭的信就是在那之后传到我手中的。他看到我的范文中有一个句子很眼熟，但是在网上又没有找到原句，问我是不是化用了哪个句子。他在信中说不好意思当面问我，所以才写了那封信。

姚旭应该不知道，我利用他的好学满足了自己的虚荣心，到最后连一句实话都不肯替他说。

这样的我，连我自己都觉得无比厌恶。

后来，我向老师递交了那封姚旭写给我的但被大家误以为是情书的信，也在与同学们的一次玩笑中否定了那是一封情书。同学们看向我的目光开始变得如常，不再对我钦佩有加，我虽心里有些失落，但也不打算去补救什么。我真的开始全身心投入学习中，阳光打在课桌上，沿着书本翻动的痕迹跳跃着，日子就这样继续平静地度过。

那一年，我十八岁，正式成为高考大军中微不足道的一名预备考生。班会课上，我因为学习成绩进步，被班主任叫到讲台上分享学习方法。

从座位旁走到讲台上，我挺胸抬头，每一步都走得无比坚定。

在班主任和同学们赞赏的目光中，我听见自己的声音："努力比什么都重要。"然后我说出了我熬夜刷题的日子，说出了我一边吃饭一边背单词的生活，说出了每次放假我从不休息的状态。最后我说："我从来不是一个天赋异禀的人，我只是一直在努力。"

台下掌声雷动，同学们有没有原谅我之前的撒谎行为，我不知道。我只知道，在那一刻，那些曾经被我隐藏于黑暗之中的，关于我默默努力和拼搏过的日子都见了光。阳光之下的它们静静地散发着光彩，照耀着我成绩单上一次又一次向上攀爬的排名。

那一年，我的学习愈加紧张起来。我妈不再整夜出去打麻将，她会在我挑灯苦学时轻手轻脚地为我递上一杯温牛奶；与邻居聊天，她再不似从前那般说话毫无分寸，或许是害怕给我增添压力，更多时候，她只是坐在我身边默默倾听。

十八岁，我从时光的洪流中走过来，一切好像并没有太糟糕。

永远不要害怕尴尬和丢脸

巫小诗

今年的我跟往年很不一样——剪了短发，打了耳洞，报了街舞班。我第一次以这样的面貌走进春天。

有记忆以来我就是长头发，很长的那种。

小时候，辫子都是奶奶给我扎的。我清晰地记得，上学快迟到的时候，我得左右手各握着一根辫子跑，不然辫子会打在脸上，好痛的。

青春期，女孩们知道臭美了。那时候流行存私房钱去烫直发，每个人的头发都直得跟超市里的挂面似的，绑个马尾辫就是捆扎"挂面"了。

即便后来临近高考时类似"长头发吸收大脑营养"这种话疯传，我依旧守护着我的"挂面"，直到上个月我都还扎着俩大麻花辫呢。

可以说，长头发陪伴了我的"小前半生"。我也承认，因为这头又黑又密的长发，我得到过不少赞扬。

那为什么要剪掉它呢？会不会很可惜？同样的问题，那天理发师也问我了。

我的回答是："不可惜啊，这个样子的我，我已经经历很多年了，我想体验另一个面貌的自己。"

我倒是没有失恋，只是没有那么喜欢从前的自己了，想用某种方式跟她告别，或许换个发型是个不错的选择。

那个我现在不太喜欢的她，从前我觉得她是温婉、善良、热心肠的，后来却渐渐发现，她其实只是懦弱与忍让。

别人说"帮个忙吧"，她说"好的"。别人一直说，她就会一直帮。

喜欢的事物就在面前，她会让给别人，说："你们先吧。"然后轮到自己时没有了，她会强颜欢笑地说："没关系啦。"

有人私下欺负她、背后议论她，她会假装不知道，见了面依旧该说说、该笑笑，社交媒体上用的表情包依旧是"哈哈哈"。

坐飞机、坐高铁，别人大声喧哗也好，外放音乐也罢，她不会反抗，只会忍。全世界她谁都不敢得罪，只敢委屈自己。

想去学书法，她担心班里都是小朋友会尴尬；想去学舞蹈，她担心自己笨手笨脚会被别人笑。她想做很多事情，她觉得她还来得及成为任何人，但她总是很害羞。

她每天都活在"我不敢，我不可以，我不好意思"的牢笼里，唯唯诺诺，扭扭捏捏。

真不喜欢这样的她啊！

但是幸好，我和之前住在我身体里的那个她一点点绝交了，我好像渐渐变成了另一个自己。

我一直不敢当众讲话，放弃了许多很棒的事情，但今年鼓起勇气去高校演讲了。

我一直不敢去打耳洞，怕痛、怕发炎，一闭眼打了，原来并没有想象中那么痛。

我一直想学点儿什么，怕不好意思、怕学不会，于是干脆狠心报了个街舞班，虽然跳得一般，但我不后悔。既然做很多事都不好意思，那就来个让我最不好意思的，这都可以做的话，未来很多事情都可以做吧？

对一直在忍的人，我勇敢地摊牌了。我说，这些事情你都可以自己做，请结束漫长地对我的打扰吧！

一直是别人主动跟我说话，我永远不会主动开口。现在，遇见我想认识的人，或可爱或有才，我会主动搭话，约出来聊天、看展览，甚至约来我家吃饭。

我真的跟以前不太一样了，这次我想从头开始，来个更彻底的不一样。

不要轻易地否定自己

陶瓷兔子

有位读者找我聊天，说起一段特别丧气的经历。

她想申请做一个大型会议的志愿者，身高、年龄、经验都符合招募要求，过五关斩六将，好不容易到了最后一关面试。不是多难的面试题，要求每个人用5分钟，介绍自己的优势和特长。有人说擅长摄影，有人说擅长钢琴，有人说在校刊上发表过文章，有人说做过博物馆解说员……她排在二十几位，每一秒都如坐针毡，满脑子都是迷茫，好像自己什么都能做一点，但又好像什么都做得不好。她悄悄走出教室，将手上的报名表撕得粉碎，自惭形秽到落荒而逃。

虽然她在道理上知道不该就这样放弃，在逻辑上也知道这个机会很重要，可就是挡不住情绪如雪崩一样坍塌。她回到寝室大哭了一场，一半为错失良机哭泣，一半因为自己的糟糕表现。

"原来我是这么普通的人，好失败啊！"她自言自语道。

当然这并不是我第一次听到类似的自我评价。好多人都没有能让别人眼前一亮的本领，没有能让别人一下子记住自己的东西。但是我从不信世界上有真正一无是处的人，但越是安慰他们"你已经做得很好啦"，他们就会越惊恐地反驳你："不不不，我一点儿也不好，好多人比我厉害多了。"在屡次安慰无果之后，我忽然意识到另一种可能性，我们说"我还不够好"的时候，说的其实并不是"我不好"，而是"好得还不够"。

我们期待的"特长"不是"在我能力范围内我做得最好的东西"，我们期待的"优点"也不是"只比别人好一点点"那么简单。我们要它能脱颖而出，要它能一招制胜，要它一出现就能抢走所有人的目光。

当我们说特长、优势和强项的时候，我们首先想的却是完美。这种高到不切实际的标准看上去像是一种自虐，但另一方面，它又会让人觉得特别安全。在《高敏感是种天赋》一书中，作者把这种类型的人定位为"高自信、低自尊"。能力上不是做不到，但内心总觉得自己不够好。这种对自我核心的低认知和对外在成就的过度追求，往往会碰撞出最矛盾的高标准——只要我没做到最好，我就是最差的。然后在不断的自我否定和痛苦的自我激励中，努力做出成绩，榨取向上的动力，来弥补低自尊带来的黑洞。

我真正意识到这种性格带来的问题，是在工作第二年的时候。当时我拿到了公司的年度明星奖，按惯例要在年会上做分享报告，一共四个人，我排第一。我觉得自己并没有什么做得好的地方，所以只说了在这个过程中暴露的不足，顺带把一切成绩归功于运气好。这样谦虚又深刻地自我反省，自然收获一片掌声。但大老板在茶水间把我叫住说："我觉得你做得很好。""没有，真的是靠运气。""别说这些。"他摆摆手，"你要微笑，说谢谢，或者说很高兴听到我的夸奖。"大概是看我愣在原地的样子太窘迫，他大笑着解释："你没看到你后面的三个人有多尴尬吗？他们本来想夸一下自己的，可第一名都这么谦虚，你让他们怎么好意思开口。"

我突然明白，人最重要的是"见好"的能力。你看不到自己的好，也就看不见别人的好，你在抹杀自己成绩的同时，也否定了别人的努力。这对你，对别人，都不公平。

《高敏感是种天赋》里还写道："高标准常常与低自尊联系在一起，这可能是因为高标准算是低自尊个体的一种补偿策略。"你越认为自己不值得被爱，就越会努力去遵循一些高标准的要求，让自己可以值得被爱。极度的低自尊，总要靠极度的傲慢来弥补。

为什么我们会成为高自信、低自尊的人呢？

很大程度上来讲，是由于一个人生活中的消极反馈环境造成的。当你考了98分，你的父母会夸奖你"做得好"，还是会说"人家小明还考了100分呢"。当你鼓起勇气报名参加演讲比赛，你的朋友会为你鼓劲，还是会说"你没戏，听说那个很厉害的×××也报名了"。通常都是后者，这一类反馈方式，会让你在不知不觉中开始怀疑自己的价值，质疑自己到底配不配得上现有的成就。但是想要打破恶性循环也很简单，你要学会给自己创造一个积极的反馈机制。

觉得自己一无是处的时候，去想想生活中的"闪亮时刻"，并记录下来；面对质疑和反对的声音时，坦然回答"我尽力了"；学会发现别人的优点并给予坦诚的赞扬——当你学会了夸奖别人，也就学会了接纳自己。

要知道，你的问题从来不是自己不够好，而是你看不到自己的好。

别让自卑遮住你原有的光芒

辉姑娘

初秋，在米兰街头的小店，与朋友品尝当季的黑松露意大利面。隔壁桌坐着一个又高又瘦又漂亮的女孩，十分令人赏心悦目，四周的目光总是忍不住落到她的身上。

朋友也偷偷看向她，忍不住小声赞叹，语气却有些遗憾："那边的女孩好美哦，但那一口牙……可惜了。"

我有些疑惑地看向朋友问道："哪里可惜了？"

她很惊讶地看着我说："你没注意到吗？她的门牙有些突出啊。"我摇头："真的没注意，我只是觉得她是 O 形腿，虽然瑕不掩瑜，但也算是个小问题吧。"

她困惑地"啊"了一声："O 形腿？有吗？"

我笑起来："是啊！其实我的腿形也有些问题呢。"

她更惊讶了，问道："啊？有什么问题？"

我伸直腿给她看："你看，我小时候是 X 形腿，我爸爸每晚都要捆上给我矫正，坚持了许多年才稍好一些，但还是很明显的。"

她连连摇头："天哪！认识你这么久，你要是不说，我从来都没有注

147

意过。"

我笑起来："你的腿又长又直，自然不会在这方面留心。"

她似有所悟："别说，还真是这样。我以前有一口四环素牙，丑得要命，总是被同学们笑话。后来上了大学，花钱费力折腾了好久才修复。所以我现在见到别人，第一眼就会看对方的牙。不管有多美，哪怕对方的牙上有一点瑕疵，我都觉得碍眼。"

"原来对方根本没有那么严重的缺陷，只是我们自己会因为类似的缺陷而产生心结，才格外在意。"她有些自嘲地感叹。

我认同地点头，想起自己这么多年盯着别人的腿瞧了又瞧，也觉得颇为失礼。

每个人着重关注的，都是自己曾经欠缺的。若是一路顺遂，自然看世间万物都顺眼，哪会挑剔呢。

减肥成功的人格外关注他人的胖或瘦，健身成功的人格外挑剔他人的肌肉线条，整过容的人对他人是否整过容几乎一目了然，求学艰难的人特别注重他人的学历，努力美白的人则特别在乎他人的肤色……

那些敏锐的感知，早已在无声无息间，透露出一个人的弱点所在。有一些缺憾可能我们自己都已经忘记了，但它们其实从未退席，而是深入骨血，变成审视他人的目光和下意识的挑剔。当我们把它们说出口的瞬间，却恍然不知早已将某些自己深藏的缺憾，大白于天下。

所谓的独具慧眼，不过是一面镜子，照出那个曾经拼命挣扎的自己。面对众生百态，愿我们都能修炼出心满意足、"熟视无睹"的境界。唯有"熟视无睹"，方能无坚不摧。

你配得上世间所有美好

李柏林

一

我曾经觉得自己是靠幸运走到了现在，很多事情仿佛是作为最后一名挤进了队伍。

17岁那年，我收到了人生中的第一个杂志采访的邀请，当编辑找到我的时候，我再三核实信息。除了开心，更多的是害怕。因为我去看了那家杂志采访其他青年作者的文章，我很害怕自己夹在他们当中，被别人认为是个意外。

编辑说采访稿要放照片，可是那时，我觉得自己并不好看，连张像样的照片都没有。我甚至觉得，自己没有一件衣服适合拍这张如此重要的照片。寝室有个温州的同学，衣品在同学眼里也算是紧跟潮流了。我找她借了一条墨绿色的裙子，尽管那条裙子因为我们身材不一样，显得很不合身。可是我觉得，只有那样的衣服，才配得上杂志。

后来那本杂志发行，编辑要给我寄样刊，我客气地央求编辑能不能给我签个名。当时那个编辑都愣住了，笑着说，一直都是别人要作者的签名，第一次碰到要编辑签名的作者。

他肯定不理解我的心情，我当时觉得作者那么多，偏偏他发现了我，我是多么幸运，觉得这是一种知遇之恩，我肯定要一辈子感激他啊！

然而这次采访过后，我并没有跟我的伯乐维持联系，甚至再也没有给他投过稿件。不是不想，而是不敢，我害怕后来的稿件质量不高，让他觉得当初真是采访错了人。

那时，遇见自己很感激的人，我都不敢去表现自己，反而觉得远离会带来一种安全感，只得把这种感激放在心里一直珍藏。

二

后来我一直没有停止写作，19 岁那年，一位编辑告诉我，一些青春作家崭露头角，出版社决定出一套青春文学作品集，问我有没有兴趣。我想都没想就拒绝了，怎么可能是我呢，我的稿子写得不好，发表的数量也不多。

后来那位编辑觉得我如果不去争取，以后就没有这么好的机会了，所以一直鼓励我，让我在截稿之前抓紧时间写。我在自我怀疑的心态中完成了自己的书稿，心里一直在想，如果我能选上，那应该就是中大奖了吧。最后虽然选上了，可是因为稿件被排在了后面，出版社只出版了前 20 本，而按照交稿的顺序，我正好是入选的第 26 本。

也许对自卑的人来说，看到机会不是迎头赶上，首先想到的反而是逃避。

三

大学时期，学院经常举行文学活动，我因为喜欢写一些小文章，再者参加此类活动可以增加学分，所以这种活动我总是很乐意参加。记得有一次学院举行了征文比赛，我恰巧拿了第一名。在颁奖典礼上，我遇见了当时担任主持人的一个播音系男孩。

那次颁奖，让他认识了我，后来我去参加播音系的小课，经常与他碰面，甚至觉得他以后一定是出现在电视频道上的主持人。可当他跟我暗示喜欢我的时候，我却赶紧逃开了。其实不是不喜欢，我只是觉得，如果被那样一个在灯光下的人发现我有那么多缺点，然后再分手，是多么残忍的一件事情，倒不如在别人那里成为一道"白月光"。

其实那些暗示，我怎么可能一点都不明白，只是觉得自己何德何能，能成为别人的所爱呢？我一无所长，怎么可能会有人爱我很多年呢？

四

我一直都是这样，在人群中偷偷地努力，好让自己显得不是那么笨拙，想要自己有一点小小的才华，看起来不是一无是处，希望自己安静一些，不会被人厌烦。

我就在这种自我怀疑中度过了整个青春期。

直到后来我去参加一个诗歌活动，见到了自己从小就喜欢的作家，可我还是像以前一样不自信，甚至给人的感觉像一个没有见过什么世面的小学生。

活动有朗读环节，我听着很多朋友上去朗读诗歌。突然，一位朋友过来对我说："你也上去读一首吧。"

像在课堂上被老师提问的感觉一样，我依旧摇头拒绝，紧张到手心出汗。我能行吗？算了吧，我还是静静地坐在下面听吧。

可看着身边的人一个个上台，他们是那么从容自信。我环顾四周，看着那一位位优秀的前辈，这样一个场合，我又是怎么进来的呢？那是我凭着坚持一关关闯过来的啊！

我突然有了很强的表达欲，我走上了台，讲述一个小镇姑娘靠着写作实现梦想的故事。刚开始没有人相信她能成功，可她好像听不见一样，一个人写啊写，她通过写作走到了喜欢的作家面前，也见到了想见的世面，还收获了想要的友谊。

我在那一刻才觉得，为什么要那么自卑呢，我明明就配得上鲜花和掌声。每篇稿子，都是我深夜一个字一个字敲出来的；每本书，也是我独处时自己一个字一个字读过来的。

五

曾经，我就像自己去种了一棵树。当开花的时候，我却以为是因为春天，而不是因为我的努力；当结果的时候，我却以为是因为秋天，而不是因为我的付出。

年轻的时候，我们总觉得自己不配。碰见生命中的贵人，我们妄想把时间凝固在曾经最好的那一刻，却不敢去突破关系。在机会来临的时候，我们通过逃避，来证明自己的平庸。甚至我们在谈恋爱的时候，也会问身边的人配不配，而忘了自己爱不爱，如果别人觉得不配，自己在感情里就要低人一等。我们很多时候，都在委屈自己，明明在努力，却不敢向这个世界要回应。

而现在再回头看"我不配"的那些年，跌跌撞撞不懂世界的规则，走过弯路，有过心碎，掌声来的时候不敢去听，奖牌来的时候不敢去接……想到这些，不禁有一些心疼，但更多的是对那些年的笨拙与真诚的感慨。

就像班里学习最认真的学生，虽然成绩不是很好，可是态度一直很端正，因为一边自我怀疑，一边自我鼓励。可是正因如此，我才一直在奔跑的路上。每一个不放弃自己的人都配得到掌声，如果没有人鼓掌，也要自己告诉自己，只要在努力，你就配得上。

有时候，你得学会主动接受自己的短板

左 耶

从小到大，外界给我们灌输的思想都是"扬长避短"，你要发挥自己的长处，规避自己的短板和不完美。这是潜意识里告诫你要在行动中排除那些缺点，使你的长处得到最大化的效益价值。

可是我在很长一段时间后发现，那些推着我们毫不顾忌地大步向前的力量，不完全是那些光鲜靓丽的美好品质，还有我们极力隐藏和摆脱得让内心不安分的因素，比如焦虑、好强、嫉妒、敏感……

卢思浩在《愿有人陪你颠沛流离》中写道："一个人最好的模样大概是平静一点儿，坦然接受自己所有的弱点。很久以后我才明白，所谓的成长，就是越来越能接受自己本来的样子，也能更好地和孤单的自己、失落的自己、挫败的自己相处，并且接受它、面对它。"

原以为长大是翠竹拔节，是虫儿破茧成蝶，其实不尽然，成长或许也是一层一层地将包裹起来的不完美摊开，是看到镜子中满脸雀斑、毛发枯燥、日渐发胖的自己却不大吼大叫，是坦然接受自己的不完美。我们接受了这一切不完美，然后就变得温和达观了。

主动去承认自己的不足也是与过去那个争强好胜、平庸无奇的自己达成和解与共识。这种内心的挣扎与撕扯是成长中必不可少的过程，只是时间早晚罢了。比起看到一个在外人面前逞强好胜、闪闪发光的"女神"，我更愿意看到一个嘻嘻哈哈的不完美小孩。

幡然醒悟的 15 岁

太子光

回忆起 15 岁，我那时在县中学读初三，除了那些让我热血沸腾的游戏，还有后来孤注一掷的决心。那些废寝忘食的日子和给我心灵重重一击、让我醍醐灌顶的夜宵店的老夫妻，如果不是遇见他们，我想我的人生可能会是另一番光景。

刚上初中时，我的成绩还不错，全年级 600 多人中，我排在前 50 名，有很大的机会考取县里最好的高中。只是后来，住校的学生中，玩游戏的人越来越多，我也跟着沉溺在游戏的世界里不能自拔。

每天晚上，监管老师查完寝室离开后，他们都会披上衣裳起床，借着手电筒的光继续玩游戏。刚开始，我没有游戏机，只有旁观的份儿。后来同寝室的任源，为了让我天天帮他抄作业而收买我。他趁周末回家时，偷偷去买了台新游戏机，把旧游戏机送给我。

刚开始玩游戏，那真是通宵达旦。第二天上课，一回到座位，我就趴在桌上安然入睡。老师一次次警告，但我置若罔闻，已经迷恋上游戏的我根本无法自拔。

我原本成绩优秀，很多同学都会拿我的作业去"借鉴"，甚至个别同学还出钱让我替他们抄写。但是当我也迷恋上游戏时，哪还有空儿替别人抄作业？我自己的作业都不想做了。

任源见我不再帮他抄作业，便要求我把游戏机还给他。我不肯，于是跟他僵持起来。

后来有一天，任源的新游戏机找不到了，他第一个就怀疑我。我没拿，自然不会承认，便跟他吵了起来。其他人不闻不问，任由我们吵得鸡飞狗跳。任源口口声声说我连游戏机都买不起，不是我还能是谁？我气不过，翻箱倒柜，找出他送给我的旧游戏机，狠狠地砸在地上。巨大的响声引起了所有人的注意，直到这时，他们才说："你们干什么呢，吓我们一跳。"见我砸了游戏机，他们又说："太浪费了吧，给我们玩多好。"

那次争执让我很心寒。虽然后来任源知道误会我了，他的游戏机是被隔壁寝室的同学拿去玩了，但我无法原谅他，也不再想跟这群冷漠的同学说话。

一天，听同学讲，学校附近新开了一家卖夜宵的小店，味道不错，价格也不贵。在以前，我是不会去的，毕竟父母给的生活费有限，我得计划着花。但上初三后，每天得多上一节晚自习，下课后，就觉得肚子特别饿，再加上父母给的生活费有所增加，于是我也成了夜宵店的常客。

一个雨天的晚上，我做完作业去吃夜宵时，夜已经深了。店里没什么人，杨叔杨婶正在看电视。见我姗姗来迟，杨婶随口问了句："在写作业吧？你这孩子挺认真的。"我的脸立刻涨得通红，我哪是什么认真的学生啊！

只有我一个客人，杨婶给我煮面时，多放了些料。我在吃饭时，他们跟我闲聊了起来。直到这时，我才知道他们有两个儿子，大儿子毕业后去了国外，小儿子还在北京读博士。

"哇！你的两个儿子都好争气。"我由衷地赞叹道。我一直很羡慕那些会读书的人，曾经也希望能成为父母的骄傲，但我迷失了自己。

"我大儿子一向懂事，成绩好；小儿子却走过弯路，他像你这么大时，沉迷游戏……还好后来懂事了。"杨婶絮絮叨叨，但一脸喜悦。

"他就跟他哥去了一趟上海，回来就转变了？"我好奇地问。

"那不是一趟普通的旅行。小儿子说，当他看到繁华的上海，看到许多努力拼搏的人，他就感觉自己以前的时光虚度了。这个世界这么大，不能一辈子窝在小县城……他觉得，只有让自己强大起来，才有能力走出去。"杨叔见我追问，耐心地对我说。

我的心仿佛被什么重物狠狠一击，疼痛、难受，如果我再这样虚度光阴，以后怎么有能力走出去？我拿什么跟别人比拼呢？

那天夜里，我第一次失眠了。我回想杨叔杨婶的话，想那个我不曾谋面的还在北京读博士的杨哥。他也曾迷失自己，但他把自己重新找回来了。我呢？我能像他一样吗？

后来，所有人都觉得我变了。我知道，因为我决定改过自新。别人怎么样我不管，但我要拼尽全力考上县里最好的高中，然后去读大学，用知识武装自己。

不再沉迷游戏后，我收起心思，全力以赴备战中考。在寝室，我就当自己是透明人，不管别人在聊天，还是在玩游戏，我都安心学习。我把以前没有看的书全找出来，逐字逐句地看，把以前空下的题都做一遍。我列了个表，把所有的知识点贯通起来，举一反三，学着分析、总结、归纳。

我时刻提醒自己，一定要努力，一定要坚持，一定要有破釜沉舟的决心。

晚自习结束，我依旧坐在教室里做题，直到熄灯。第二天破晓时分，我早早起床，先上操场跑几圈，然后晨读……没完没了地做题、背书、归纳、总结……我忙得像不知疲倦的陀螺。

累，但心是快乐的，我觉得自己正朝着光明的目标走去。即使失败了，我也不后悔。后悔的，只会是曾经虚度的时光。

中考前，任源在出早操时晕倒了。他连续几天几夜玩游戏，身体终是吃不消。我们很久没说话了，跟同学到医院看他时，他目光躲闪，不敢看我。但我已经原谅他了，我退出玩游戏的行列有一部分原因是他吧。

班上开始写毕业赠言，任源也让我写，面对着厚厚的留言本，我想了想后写下：别把时间全都用在玩游戏上，游戏虽好玩，但这世上好玩的东西绝不仅仅是游戏……我说的都是实话，也许毕业后，我们不会再见面，但我希望他能早点儿明白过来。

我很庆幸15岁时能够做出孤注一掷的决定，用努力学习来填补生活的空白。生命中的一些相遇，冥冥之中早已注定，就像我和杨叔杨婶，如果不是他们偶然间的一番话，我如何能够在浑浑噩噩时幡然悔悟，找到自己的方向。

我是如何走出低谷期的

婉 兮

高考失利是我人生遭遇的第一次挫折。在此之前是顺风顺水的少年时代，我原以为等在未来的，永远是数不胜数的鲜花和巧克力。

当年的我，算得上一个不折不扣的学霸。

最好的一次月考成绩是 657 分，这个数字令我终生难忘。在我的老家，那个经济落后的边远地区，这个分数代表着国内一流大学在向我招手。

那时，几乎所有的人都在用"一考定终身"来激发我们的潜能，学习成绩也似乎是我们走向美好人生的唯一资本。而始终处于年级前十的名次，也让我对自己的光明前程深信不疑。

可谁也没料到，如此众望所归的我，高考中却考出一个令人失望的分数。

其实也不算太低，已超过一本分数线 20 多分，可接下来，我又在填报志愿时失误。这意味着未来的四年，心高气傲的我将就读于一所普通大学的弱势专业。

许多人劝我复读，可我害怕令人胆战心惊的月考排名，更害怕自己会难逃"一鼓作气，再而衰，三而竭"的宿命。于是，不得不打点行装，朝着那个意料之外的城市而去。

命运第一次露出狰狞面孔时，我无力招架，只能逆来顺受。与此同时，我开始清楚地认识到，自己并非被上天厚待的那一个。拼不了背景，也拼不了运气和天赋。

铁轨声单调地敲击着我用沮丧铺成的1000多公里的惆怅，我以一种落第举子式的忧伤，去奔赴一个混沌不明的前途。

那时我还太年轻，狭小的世界被高考轻而易举地撑破，总觉得自己已经全盘皆输。

到了现在，我想对十八岁的自己说："高考失败真的没什么，未来还会有更多的困难等着你去勇敢面对。"

我用了整整一年来平复伤痕。其实少年也识愁滋味，只是那愁绪是轻飘飘的，落到中年人的厚重眼神里，便有些勉强，有些矫情。

可那种迷茫又是实实在在的，经历过的人都懂，就像选了一条自己不喜欢的路，前面大雾漫天，看不清未来，但你还得硬着头皮往前走。

大二时，班上发一等奖学金却没有我的份。我这才猛然醒悟：即使在这样一所普通大学，如果做不到出类拔萃，我也将永远地泯然众人。

所以，我在余下的三年里发愤图强，做了学校的学生记者，把专业知识学以致用，同时也认真上好每一堂专业课，保持学习成绩名列前茅。

到了大三时，我已经算校园里一个不大不小的名人了。那年我升任记者团团长，无缝对接学校宣传部，在各类大小活动上露脸，颇有些"春风得意马蹄疾"的感觉。

前途在握的感觉又回来了，我知道自己已在保研名单内，如果不考研，也可以找到一份不错的工作。无论走到哪条路，这一生应该都不至于太糟糕。

对我来说，大学四年的最大收获，是用实践证实了一个简单浅显的真理：努力了不一定成功，但不努力一定不成功。

可我没把天灾人祸算在内，意气风发的我，还未察觉到灾难已在我的身体内部悄悄潜伏、发酵。

年轻时，你永远猜不到命运设下了多少陷阱，你也永远不知道，前方有多少危机在蠢蠢欲动。

发病的时候，我正在实习，距离毕业还有三个月。

初春的昆明樱花盛放，我在新单位也做得如鱼得水。我的父亲已经计划着为我筹一笔款子，买下单位的福利房，给我未来的生活拉开一个安稳幸福的序幕。

梦想似乎已在这座四季开满鲜花的城市徐徐绽放。

可是一连好几天，我都感觉到令人窒息的胸闷和疼痛，到了医院一查，发现血压高得惊人。那时我还不知道，青壮年人群的血压高就是大病前兆。

但第六感已经把危机准确无误地传达给我，我还不知道自己得了什么病，却在回程的公交车上号啕大哭。我旁边坐了一位 50 多岁的阿姨，那天她拍了拍我的肩，握住我的手，用一个陌生人的温度，安慰了我的惊慌失措。

我的病在三年的煎熬后看见希望。那时我已辗转去过四五个医院，终于从尿毒症的阴影下逃出，带着来自别人的肾脏存活于世。

在等待肾源的两年里，我最常梦见的却是高考考场。我梦见自己还没开始复习就进了考场，面对着试卷不知如何下笔，为前途未卜的明天眼泪横流。

醒来后，总是怅然若失，原来我一直对当年的失败耿耿于怀。或许是因为眼前那种无能为力的状况，让我的潜意识一遍遍地返回人生第一个低谷期，试图与命运的种种刁难达成和解。

然后，我想明白了另一句话：人生不如意事，十之八九。

得病和考不上北大一样，都是我从未预料到的不可承受之重，可它既然来了，我就只能直面一切。是谁说的，如果命运一定要给我什么，那我就接受它。

一个人的抗挫折能力，就是他的创造力和生命力。

今年的 6 月 7 日，我路过高考考点，看到一群焦虑等待着的父母。

我停下脚步，站在守望的家长中，猛地想起来，九年前的今天，我的爸爸也是这样虔诚庄重地候在考场外，等待着正奋笔疾书的我。

我们都以为那是寒窗苦读的结束，没想到却迎来颠沛流离的开始。

在此之前，我只需要用勤奋来获得高分；在那以后，我必须用坚韧和坚守去换取生存的筹码。

现在的我，早已从当年的沮丧里全身而退。在经历过大学历练和生死洗礼后，高考失败带来的那点悲伤简直不值一提。

但当年的伤心欲绝不是假的，因为在那有限的经历和认知里，这已是生命里无法承受的重中之重。

后来，那个因为考不上北大而痛哭流涕的我，已经被现在这个战胜病魔的我所取代。

成长之所以残酷，是因为它要将你不断地打破，这个过程充满了疼痛、苦涩。可成长的美丽之处，正在于打破之后的重新塑造。

那个新生的你，则更加坚强美丽，宛如破茧之蝶。

是沙子也会发光

likelly

我时常回想，在我的人生里是否存在所谓的"高光"时刻。但想来想去，一无所获。

如果说人生是一条河流，有时波浪起伏，有时静水流深，总之高潮和低谷总是交替进行，只不过有些人的河道流经蜿蜒险峻的峡谷，有些人的河道途经宽广的平原。我就很不一样了，回看我的人生，四平八稳，古井无波。

从小到大，存在于我记忆中的人生亮点，都是一些无关紧要的小事。它们密密匝匝地分布在我的每个年龄阶段，以及各种各样的日常琐事里，像均匀地撒在海岸上的沙子。

我一直给自己的定位是一个"普通人"。如果大脑中的记忆储存区可以像电脑硬盘一样进行搜索的话，在我的记忆里搜索"高光"，得出的结果大概率是一堆接近却无一准确的记录。

比如，八岁的时候，我第一次跟父母来北京。回程的那天，我们提前到了西客站，在广场上排队取票。我手里拿着母亲买的一瓶矿泉水，大太阳晒着，我很快喝光了水。这时，走来一个拾荒的老人，问我这个瓶子可不可以给她。我递过去，她手里捡垃圾的木夹子却落了地，我顺手捡起来给她，却没想到招致父亲的一顿呵斥："脏不脏？什么人的东西你都捡！"他很生气，老人站在一旁连连道歉。我虽然知道父亲是在担心我，但内心深处不自觉地泛起一阵委屈。"老奶奶不脏！"我大声反驳。那是长这么大，我第一次公开跟父亲唱反调，但那一刻，我觉得我是对的。

比如，高二的那个夏天，我蹲在教学楼后面的树荫里，对那个因为被怀疑打小报告而被大家排斥的姑娘说："我相信你。"实习的第一年，在进入展会参观前，我偷偷替逃票的同事补了门票……我从来便是如此，平凡却又骄傲。

我总觉得，一个人的力量，虽然微薄，但在一些我们的力量足以匹配的事情上，可以选择拒绝、抗争，或者伸出手，做一些我们每个人都能做到的事。

就像退潮时，总有沙子拼命抵抗潮汐的力量，选择留在沙滩上。而在月光下，这些平平无奇的沙子，也会折射出像珍珠一样银白的亮光。

伍

允许自己出错，
再带着遗憾拼命绽放

你不是平庸，只是没有发现自己的潜能

曹缦兮

一

我小时候学过古筝、钢琴，练过毛笔字，跳过舞，但都没能坚持下来。在成长这条路上，我就一直这样半途而废着，什么都会一点儿，但又什么都不精通。不过这并不是什么可怕的事情，我的父母一边嘴上批评我，一边默默支持我。在他们看来，只要我喜欢，多学习一些技能也不是坏事。

他们包容了我的半途而废，也容忍着我的"三分钟热度"。当然我想说的是：正是在这一个个"三分钟热度"中，我找到了自己真正热爱的事情。

上一年级时的某一天，我在家看电视。有一部电视剧是以日记的形式开头，我心血来潮地对父母说："从今天开始，我要准备写日记了，可以给我买一个好看的日记本吗？"

母亲深知我的性子，以为我肯定坚持不了几天，所以也没将我的话放在心上，只是随手给了我一个本子。本子大约有两厘米厚，我用铅笔在上面郑重地写下了第一个字，没想到，从此开启了我的写作之路。

刚开始我写的日记很短，大半是拼音，我一笔一画写得很吃力，感觉并不像电视上演的那般，行文流畅而优美。但是很奇怪，即便是那样，我也丝毫没有要放弃的念头，反而越写越有成就感。

每写完一篇，我都会站在客厅里大声地朗读给父母听。就这样慢慢地坚持了下来，我从来都不觉得写日记这件事情枯燥而乏味，反而觉得写日记是一件特别有仪式感的事情。

开一盏灯，翻一页纸，迎接一天中最静谧而安心的时刻。

二年级快上完的时候，我写完了那个两厘米厚的硬皮笔记本，上面承载的是我密密麻麻的成长记录，也是我辩解自己对写作不是"三分钟热度"的最好证明。

以后每年我的生日，母亲都会送我一个厚厚的本子，我也都如期写完。

二

后来某一天，我看到了某个学姐拍的一张照片。照片里是旧房屋的一角，泥土的地面，一株绿色植物从墙缝儿里钻出来，窗外的阳光刚好照在它的叶子上。很简单的取景，却有震慑人心的力量。我似乎能嗅到照片里泥土的味道，同时感受到了希望。

原来一张小小的照片可以表达这么多的东西，我又心血来潮，想学摄影，我也想拍出有意境、有思想的照片。趁着那股热乎劲儿，我用刚攒下的稿费入手了一台单反相机。

摄影并不好学，我刚拿到相机就兴冲冲地去拍夜景，结果镜头里黑乎乎的一片，什么都看不清。

白天也好不到哪里去，拍出来的照片还没有手机拍得好看。无论什么事情，开始都是最难的，按照我以往的"三分钟热度"的性子，可能又到了该放弃的时候了。但是很奇怪，相机虐我千百遍，我仍然把它小心翼翼地挂在脖子上当成宝贝。

为了学好摄影，我去别的学院蹭课，向朋友请教，一有空就到校园里练习。记得当时已经到了夏日，我在外面一直拍到了傍晚，蚊虫肆虐。而为了对好焦、找好角度，我竟能在花园里一动不动，直到拍完后才猛然发现自己的脚踝处早已红肿一片。

学摄影的每一天都收获满满，通过多学多练，我没用多长时间便上手了。就这样，摄影这件事成了我人生的另一个标志，它是我第二件没有半途而废的事情。

三

对我而言，那些"三分钟热度"的事，让我对外界的很多事物充满了尝试的欲望；而之所以很多事情半途而废，不过是因为我还没有找到真正热爱的事情。

倘若遇到一件自己真正热爱的事情，是可以克服所有的困难的。我常常听到一些人说自己有"三分钟热度"的缺点，但我从来没有把这个看成一个缺点。我认为，那些人觉得"三分钟热度"是缺点，是因为他们没有在众多的"三分钟"里遇见自己真正热爱的事情。

我身边的很多人都不知道自己的兴趣和热爱所在，不知道自己喜欢什么、擅长什么。那么，就一定要多去尝试，多尝试一些事情，有了比较，自然就会找到热爱。

所以心血来潮并不可怕，可怕的是，有一天你不再心血来潮了。你已经习惯了重复而单调的生活，这样的生活稳妥又轻松，但你也会羡慕那些有兴趣爱好的人，你觉得那样的生活似乎比自己的生活更丰富多彩。

但你不知道的是，他们为了找到这件热爱的事，也付出了很多的努力，不是每个人生下来就知道自己喜欢什么。我们都是在不断地摸索、比较之后，才知道自己可能更适合做什么，做那件事的时候，自己最快乐，就算没有人督促，也可以凭内心的热爱将它完成得很好。

直到现在，我仍然保留着"三分钟热度"的性子，看到感兴趣的，仍然会心血来潮地去尝试一下。我不希望自己被早早地定型，从此在一间小屋子里过着一眼就可以望见尽头的人生。在这个星球上有万千职业、万千事情可以去做、去探索，我在一个领域可能一事无成，但在另一个领域说不定就可以大放光彩。

我们的一生其实很短暂，谁也不知道意外和明天哪个先到来，所以不要委屈自己，有感兴趣的事情就立刻去做吧，不要害怕因为没有坚持而浪费了自己的时间和金钱，你所做的每件事情都在延展你的生命。哪怕最后一事无成也没有关系，我们在与自己相处的过程中也很开心。

找到自己喜欢的事比什么都重要。

努力得不到回报时，说明你在扎根

林五岁

在初中时期，我曾学过一段时间的素描。素描这门技艺，着实令人称奇。仅凭一张白纸与几支铅笔，便能摒弃色彩的喧嚣，生动地勾勒出世间万物的形态。落笔于纸面中央，那是画作布局的起始；五十笔之后，物体的轮廓已初现端倪。随后，横竖斜交错的线条不断叠加，边缘轮廓经细心擦拭与再描绘，直至深浅不一的线条与洁白的纸面共同交织出光影交汇的全貌。每一笔的落下，或许难以察觉显著的变化，但正是这些看似微不足道的笔触，构筑了整幅画作的基石。

在画室里，我常被安排坐在一位同年级的女生身旁。据老师说，她是画室中基础最为扎实的学生，让我向她虚心求教。她身材瘦小，戴着眼镜，画画时总是沉默寡言，整个画室充斥着铅笔与纸张摩擦的沙沙声。我虽常提早到达，但她却总能比我更早；待我收拾完毕，她仍无离去之意。画笔在她的手中，如同被赋予了生命，璀璨而短暂。

古人云："水激石则鸣，人激志则宏。"在她的影响下，我深受鼓舞。然而，素描之路的第一个瓶颈却悄然而至。本节课的任务是绘制一个石膏球体，圆弧的角度反复推敲，却总是难以达到圆满。面对自己那歪斜的线条，我不禁

170

心生退意，悄悄叹气，放下画笔。伸懒腰之际，我瞥见了她的画作。她笔下的球体，仿佛轻轻一推便能滚动起来，球面上的细微痕迹在纸面上展现得淋漓尽致。那球体历经无数次的描绘，从粗糙到光滑、从干瘪到饱满、从沮丧到神往，见证了无数学子的努力与成长。

下课后，我本想待她结束时向她请教，却没想到这一等，竟将所有人都等走了。待她开始收拾画笔时，我挪近椅子，轻声说道："你画得太好了，老师都夸你一节课就有这么大的进步。"她停下手中的动作，看着我说："哪里是一节课的成果。这个球体，不是和上节课相比，而是与我画过的成百上千次相比。"

她初入画室时，仅二五节课便能掌握明暗关系，能敏锐地感受到线条间的差异，深浅之中流露出远近之感。老师也对她赞誉有加，称她有天赋。"那时的我颇为自豪，以为不久便能成为声名显赫的画师，世间万物皆能信手拈来。然而，第一次画球体时，我也陷入了困境。仅仅将其画圆就已足够艰难，更不用说让它立体起来。"我深感共鸣，这正是我今日的困境。我向她请教应对之策，她答道："画吧，一遍遍地画。我每天都会画一个球体，不断尝试哪种线条更为贴切。明天或许无法比今天画得更好，但一个月、两个月，甚至半年一年后，定会超越今日！正是不懈的努力，才有了我今天的成果。"眼前这个瘦小的女孩，在那一刻显得无比高大！她的体内蕴藏着无穷的能量，是她一笔一画为自己扎下的根！

一颗种子深埋土中，汲取养分向下生根，地面上却难觅其踪迹。唯有它自己知晓，唯有不断努力向下生长，方能拥有向上迸发的力量！破土而出的那一刻，方引来人们的关注与赞叹，记录着它的成长，感慨生命的力量。殊不知，正是那段沉寂的岁月里，它默默地扎根，才铸就了今日的繁盛。在其向上生长的过程中，根系也从未懈怠。树木越大，地下的根系便越加粗壮深长。层层深入，巨大的压力与难以承受的苦涩随之而来，干扰着它，甚至可能遭遇坚硬的岩石，疼痛难忍。它无从诉说，因为越深的寂寞，能懂之人便越少。那是少有人能触及的领域。大多数人不知它所经历的磨难，更不会知晓，穿透层层苦难后，等待它的将是清澈甘冽的水源。这水源蕴含着大地的馈赠，赋予它不懈努力的强大能量，让它攀上他人难以企及的高度！

她也曾有过动摇。上堂课，是她最为煎熬的一课。她日复一日地练习，查阅各种资料寻求解决之道，临摹他人画作精进笔法，老师也给予了许多指导，却依然效果不佳。连家人都劝道："不如放弃吧，好好读书，另寻出路。"课后，她沮丧至极，甚至想要放弃练习。她也确实停下了画笔，但心中却满是不甘。她将这段时间所画的球体排列在一起，突然之间，她释然了。她翻动着每一页，它们仿佛连成了一部动画片——《球的诞生记》。这个球体的轮廓愈发清晰、饱满、生动，这不正是她所追求的吗？它只是还可以更好，她的努力从未白费！

我们常常思考，努力是否一定会有回报？尤其是在我们倾尽所有，却仍看不到胜利的曙光时。距离成功还有多远？我无从知晓，也无人能给出确切的答案。但我深知的是，缺少任何一步的积累，都无法抵达成功的彼岸。如果努力尚未得到回报，那是因为你正在扎根，请再耐心等待，静候花开！

挫败不是结局，是下一程的起点

韩云朋

一

小时候的我，很怕考试。

考试本身倒没什么可怕的，无非是几张纸，上面印着几道题，写写算算就结束了。可这几张纸上承载的东西，重得让人喘不过气来。考得好，自然好；考得不好，则意味着失败。而"失败"这两个字，像黑洞，像深渊，里面塞满了"你不好""你不行"，甚至"你有罪"的负面评价。

一想起这些，我的心理防线就会全面崩溃，最终发展为生理表现，导致我每次临考时，都要去医院输液。

父母心疼，不止一次开导我："放宽心，这次考不好，还有下次。"他们不开导还好，一开导，我就想到如此折磨人的事居然"还有下次"，就更加痛不欲生。

是的，那时的我，最盼望的事，便是有一次"终极大考"，考完这次，以后再也不用考试。最好还能把优异的成绩印在脑门上，后面加一段类似"盖棺论定"的评语：该生经"终极大考"鉴定，很聪明、很行、很优秀，而且会一直这么优秀下去，今后谁也不要再考他！

173

然而一切都是幻想，幻想过后，我又进医院了。

二

那天输液时，旁边的病床上躺着一个妈妈，她的丈夫跟不满两岁的孩子陪在她身边。看样子小孩还没学会走路，走两步摔一跤，在妈妈的鼓励下，爬起来，再走再摔。看他摔倒后也不哭闹，只是将寻求指导的目光投向身边的人，呆呆的样子很可爱，我和母亲都笑了。

母亲对我说："你小时候也是这样学走路的，磕磕绊绊，但从没哭过。因为在孩子的眼里，没有什么成败的概念。无非是这次没走好，站起来再试试其他的走法罢了。"

我若有所思。母亲转而问道："我们来猜猜，如果这个孩子某一次走得不错，便像你希望的那样，得到一个终极评价——这个小孩走得很棒，以后不用再走了。那后来将会怎样？"

我脱口而出："那他可能一辈子都学不会走路。"

母亲接下来说了一番让我受用一生的话："人从出生到长大，其实会遇到无数次考试。然而考试并不是对过去的评定，而是对未来的指导。这次筷子没用对，下次你就知道不能这样用筷子了。这次在这里摔了跤，下次路过时，你就会告诉自己小心点或绕开它去走另一条路。人都是这么一点一点成长起来的。但如果你拒绝失败，你同时也就拒绝了环境给你的反馈。没有反馈的人生，终将一事无成。"

三

后来，我在一次次的失败中学习，在一次次的反馈中纠正，历经无数次考试，读了大学，念了研究生，才知道母亲所讲的正是"成长型思维"。

所谓成长型思维，就是把自己看作一条流动的河流，相信人的能力绝非一成不变的，而是不断提高的。提高能力的方式，正是通过不断经历检测，查找可提高的点，接受环境给你的一次次反馈，奔流向前。

拥有成长型思维的人，更在意的是反馈，对外界的议论和评价并不挂怀，因为议论和评价谈论的都是过往，只有反馈指引着你的未来。

与成长型思维相反的，是"僵固型思维"。拥有僵固型思维的人，会把挑战看作"证明自己可能不行"的风险，因而回避挑战；而秉持成长型思维的人，会把挑战看作提高能力的机会，进而迎接和拥抱挑战。

在这个世界上有两种游戏：一种叫"有限游戏"，玩家的宗旨是赢得胜利；而另一种叫"无限游戏"，里面可能也蕴藏着一次次小规模的有限游戏。参与无限游戏的玩家，全程的宗旨只有一个：活下去，更好地活下去。

人生就是这样一场无限游戏。

只有在有限游戏中，才存在谁胜利、谁失败的说法。而在无限游戏中，没有一蹴而就的胜利，更没有绝对静止的失败，不存在永恒的巅峰，更不存在爬不出来的深渊。漫漫长路上，有的只是一次次的提示、一次次的学习、一次次的反馈，以及认真接受反馈后继续前行的你。

你要允许自己失败

谷润良

一

初三上学期的一堂英语课上，后排男生小左，被老师叫到讲台上默写单词。

小左的英语成绩向来不错。大家都抱着钦佩的态度看他走上前去，包括老师。老师之所以点他的名，大概也是为了让他给大家做个示范。顷刻间，小左写完走下了讲台。老师欣慰地对着他笑了笑，拿起课本，开始核对。

核对过程中，教室里响起阵阵喝彩声，许多超纲的单词，小左都写对了。老师的教杆也敲得"嗒嗒"响："同学们，学习就该有这种精神，什么超纲不超纲……"说到这里，他突然顿住了，大家也被这突如其来的安静所吸引，下意识地停止鼓掌，望向黑板。

是的，很遗憾，倒数第二个单词，小左写错了。

忘了是怎么收场的，总之，那堂课上得无比尴尬。

放学后，走读的同学回家了，寄宿生去了食堂。唯有小左，独自趴在课桌上抄写那一个单词，以近乎自虐的方式，整整抄写了两大本。

第二天，看着小左哭红的双眼，我们都被折服了。是啊，像他这样的学生若不成才，还有谁能成才呢？

然而，小左的英语成绩却每况愈下，整个人看上去病恹恹的，连带着，别的科目的成绩也越来越糟。

"一朝被蛇咬，十年怕井绳。"可怕的不是蛇，而是我们心中的恐惧。

小小的一个单词，就击垮了一个人，这漫长的人生，风风雨雨，又该如何度过呢？

二

前阵了，多年未见的朋友来北京旅行，我专程请了年假陪他。

来北京，自然少不了去故宫、长城等著名景点游览。身旁没有导游，手中没有地图，极容易迷路，不晓得这条路会通往哪里，那条路又将绕到何处，或者打开这扇门，前面是不是有路？坦白讲，来北京工作一年多，我也是第一次出来游玩，所以我和朋友一样一头雾水。

然而，不管怎样，我总要尽地主之谊，每到一处景点，我都自告奋勇地带路。于是，走错路的情况时有发生。想去一个亭子，绕了好远的路，才发现有近路可走；想去西北门，逛了大半个园子，到头来看到的却是正门。

次数多了，朋友难免有些不耐烦，见缝插针地和我打趣——"大哥，咱们这是在北京还是在南京？""我就说这条路不对，应该走那条。""你是不是看我早饭吃得太多，力气没处使？"

听到这些话，我都是一笑而过，或者也跟着自嘲一下，但心里想的却是——走错路怎么了？走错了，大不了从头再走。我们是旅行，又不是参加徒步大赛，如果每一步都谨小慎微，不达目的誓不罢休，还有什么趣味？

要知道，我们是第一次来景点，要允许自己走错。

三

头两年，有位远房亲戚，与别人合伙开了一家家具厂。

起初，薄利多销，广做宣传，生意相当红火。这位亲戚在家人朋友面前，着实风光了一阵。十里八乡的人在路上见到他，都左一个"刘总"右一个"刘总"叫着。"刘总"自己也不谦虚，一一微笑应答。

可不久，生意渐渐就不行了。由于地理位置欠佳，一时又找不到好位置，且家具风格单一，无法满足不同年龄段的人的需求。即使一直靠薄利来营收，也吃不消。

不知不觉间，厂里生产出来的家具，就占满了两层楼。一天夜里，"刘总"去卫生间，不小心碰倒了一架梳妆台，顿时，鼻子流出了血。据说，"刘总"顺势靠在梳妆台上，哭了许久。

第二天，"刘总"就撂了挑子，安安心心做起了农民，守着自己的一亩三分地。

与此同时，另外一个合伙人"王总"，却坚持了下来。他去县城，乃至省市的家具城观摩、研究、学习。生意渐渐复苏了，盈利了，家具厂也从村头搬到了镇中心。

而今，"王总"在坊间成了一个传说。前些天，县电视台还采访他，让他讲述自己扭亏为盈的心路历程。

"刘总"每次路过家具城，眼神里都写满了掩饰不住的落寞。

怪谁呢？只能怪自己。承受不了苦果，就没有资格享用成果。一次失败就被吓破了胆，属于你的，便只能是暗淡无光的生活。

四

人的一生，有许多沟沟坎坎要跨，比起荣誉傍身的成功者，我更欣赏那些勇于接受失败的人。

　　接受失败是一种智慧，更是一种魄力。生而为人，我们都是第一次活，谁不是摸着石头过河？你要允许自己失败，大不了从头再来。

　　考试不及格，怕什么，找出盲点，查缺补漏，下一次认真备考即可；面试未通过，怕什么，面试的机会多的是，或许这个机会并不适合你，下次努力便是；创业血本无归，怕什么，一点一滴积累本钱，仔仔细细摸索经验，总有一天，你会东山再起，开拓出自己的一片天地。

　　这世上最可悲的，不是失败，而是一蹶不振。你那么年轻，有什么输不起？

看不清未来，就比别人坚持久一点

伍晓峰

在那个充满离愁别绪的毕业季，正当我们结束对一位备受尊敬的老师的采访而准备踏上归途时，张鹏如一阵风般闯入我们的视线。他急匆匆地对我们说："我也有故事，别急着走，多一份素材嘛。"

师傅朝我递了个眼神，尽管我内心有些不情愿，但还是无奈地重新打开笔记本。

"那么，你的故事是什么呢？"师傅温柔地示意他坐下。

"我这次高考比上次进步了很多分！我想和你们分享一下我复读的经历。"张鹏满怀激情地说。

"你复读了两年？也就是说，你高三读了三年？"我忍不住插话道，同时用眼角的余光捕捉到了师傅那略带警告的眼神。

"是的，确实很长。一般人复读一年可能就足够了，但我是个不服输的人。"张鹏坚定地说。

"应届那年高考是出现失误了吗？"师傅的声音温暖而悦耳，如同冬日里的一杯热茶。她习惯性地微微偏头，脸上总是挂着一抹温暖的笑意。

张鹏明显放松了下来，他缓缓说道："没有，第一次高考我并没有怎么用心，可以说是浑浑噩噩地就过去了。"

"浑浑噩噩"，他觉得这个词用得恰到好处。那段日子就像是在梦游，日子仿佛都在睡梦中流逝。以至于在三年后的今天，当他回首那段时光时，脑海中竟是一片空白。

然而，改变却来得如此自然，没有电视剧里那些夸张的情节，也没有痛苦的挣扎。就在一个普通的下午，他翻开招生计划书，在一堆大专院校中寻找自己未来的方向。看着看着，他突然像是被某种力量点醒，意识到自己现在的生活方式并不对劲，就像一条鱼突然跳出鱼缸，看到了真实的自己。

他下定决心要复读，这个决定让母亲大吃一惊。

"你们是没看到我妈当时的表情，那怀疑、惊吓和质疑的表情完美地融合在了一起。"他拍打着大腿，笑得十分开心。

"妈妈最终还是选择了支持，复读的压力确实非同小可。"师傅感慨地说。

"是的，压力真的很大。"张鹏附和道。

他选择了一所全封闭的私立学校，两周才休息一天。每天早上五点起床跑步，然后是一小时的背诵和朗读时间，只有二十分钟用来吃早饭。从七点开始正式上课，一直持续到晚上十点半。由于长期坐姿不当，他患上了脊柱侧弯，中指也被笔磨出了两个小鼓包。

"我强迫自己认真听课，困的时候就拧大腿，更困的时候就扇自己耳光。"他笑着说，"不过扇耳光经常把旁边的同学吓一跳，我怕他们觉得我有病，就换成了闻风油精。"

他时常躲在楼道里看书，在排队打饭的间隙默背单词。他把时间看作海绵里的水，尽可能地挤出每一分每一秒来学习。"每做错一道不该错的题，我就惩罚自己去操场跑一圈。最多的时候，我连续跑了二十多圈。我都不知道自己居然能这么拼。"他感叹道。

高考结束的那天，他兴奋地冲出考场，撕毁了家中所有的试卷，卖掉了参考书，拍着胸脯向父母保证这次考得绝对好，他不会再复读了。

然而，事实证明人不能过于自信，话也不能说得人满。他的高考成绩竟然是复读生涯中的最低分。当凌晨时分成绩公布时，他简直不敢相信自己的眼睛，反复刷新网页、退出再重进，一直睁着眼睛呆坐到天亮。

父母醒来后敲他的房门询问成绩如何，这时一股难以言喻的酸楚和委屈涌上心头。他没有回答，只是躲在被子里号啕大哭。他不吃不喝、不思不虑，只是像婴儿一样重复着哭喊的动作。他感到呼吸困难、嗓子干涩、眼泪干涸，但他无法停下哭泣，只能一边抽泣一边干呕。

当一缕阳光穿透窗帘洒在地板上时，他终于决定出门走走。父母还在熟睡中，他在桌上留了一张字条后悄悄溜出家门。

阳光迎面而来，晃得他有些踉跄。长时间酸涩的眼睛一时无法适应刺激，只能看到白茫茫的一片。他揉揉眼睛，感受着阳光落在皮肤上的炙热。

他机械地向前走着，两旁的早点铺子已经陆续开张。上班族焦急地等待着早餐，一边盯着手表；学生们慢悠悠地走向学校；早起的老人聚在一起晨练，不时传来几声欢笑。

人类的悲欢并不相通。他想，自己的人生已经看不到希望了。此时他才敢正视高考失败的事实。他不明白为什么自己如此努力却还是一个失败者，就像被工厂抓去脱水的蔬菜一样脆弱。

大风夹杂着泥沙迎面吹来，他下意识地闭上眼睛，感觉自己被风带着旋转、下沉。他的人生也如此，被命运裹挟着下降，直到落入地底。他尝试睁开双眼，风中的沙砾正好糊向他的眼眶。

算了吧，他想。他忍着不适揉揉眼睛，挤出些生理性的眼泪。他感到疲惫不堪，没有力气再质问或怨恨。或许他应该迈向下一步了，而不是像这样一直沉浸在情绪中。

他想去图书馆借一本招生计划书，做高考后应该做的事，和大部分人一样。他憋着苦涩的心情，尝试放松心情去欣赏路边聒噪的蝉鸣。

他改变路线却意外发现今天是图书馆的闭馆日。

就像大坝在瞬间被汹涌的洪水冲垮一样，他再也压制不住内心的悲伤，蹲在图书馆门口痛哭起来。值班的老大爷被吓了一跳，慌忙拉起他说："孩子，没事儿的，一天不看书没什么，明天就开门了。"

羞耻感姗姗来迟，他环顾四周发现一群好奇围观的人后，慌慌张张地应了一声便憋着眼泪逃跑了。

他找到一个僻静的小潭边坐下，看着夕阳一点点地吞没流水。他张开双臂感受着大风吹彻自己的身体带来的畅快，直到肚子适时地打起鼓来才想起要回家。晚霞向四周逸散，他看到父母在门外焦急地张望。

"我两天没吃饭了，你们信吗？"他说道。

"第二次复读还是在那所学校吗？"师傅问。

"是的。"张鹏回答。

复读的费用很高，他的父母有些犹豫地问他："再复读一次的话，这次的分就不算数了。也许下次考得还不如这次呢，你确定吗？"

他坚定地说："我想再坚持一下。"

"你是觉得自己成功的希望很大所以才选择继续复读的吗？"师傅问。

"不，恰恰相反。我看不到希望，只有令人恐惧的未知。但我只是觉得，我应该再坚持一下。"

人们常常将希望比作灯塔，期望它能照亮迷失者前行的道路。然而，只有临近岸边的船只才能看见灯塔的光芒，大部分迷失的人只能在茫茫大海中漂泊。老练的船员会明白，灯塔只是临近岸边的标志，只有坚持前进才能抵达终点。

　　张鹏借了同学的课本再次回到学校。当他再次坐到教室里时，熟悉的老师脸上露出了惊讶的表情，但什么也没说，只是拍了拍他的背。他将风油精放在桌上，将错题仔细装订起来，将堆积如山的试卷整理得井井有条。

　　"这一次如果我认输了、低头了、顺从了，那么我将永远对生活妥协下去。"张鹏说，"是这句话支撑我走到了今年的高考。在疲惫的时候我就对自己说：'坚持一下，再坚持一下。'只有坚持才能看到希望。"

　　没错，希望就像是一个傲娇的小天使，不会时刻追随着你。她只会站在成功的大门前迎接你，献上最诚挚的欢呼。她需要你去寻找、去追寻，横穿茫茫大海并坚持着向前。

总因失败感到焦虑怎么办

杨无锐

现代人人多患有成功焦虑症，同时，对成功的想象力又极度匮乏。人们普遍在模仿有限的几种成功：身体、爱情、财富、权力。人们不仅担心自己不够成功，还担心不能按照大众认可的样子成功。这些世俗意义上的成功没什么不好，但若只能想象这些，社会就可能成为充满胁迫和压抑感的怪物。每个人会被胁迫，也会转身胁迫别人。

孔子中年以后周游列国，四处碰壁。行道不得，退而著书，绝笔于获麟。按照所有单一的尘世标准，他是个失败者。想要推行政治理念，必须掌握政治权力。他不是没有掌权的机会，但他总是倔强地毁掉机会。从这个角度来看，他的一生，就是不断错失时机的一生。孟子却说，孔子是"圣之时者"。孟子认为，孔子是圣贤当中最能把握时机的。

一个只能想象成功的人，不会理解孟子对孔子的评价。一个只能接受成功的社会，不会尊敬孔子的努力。对只能想象成功的个人和社会而言，看不见的成功，不算成功；不能改变这个世界，就不配拥有这个世界的尊敬。对孔子而言，让这个世界发生变化，是好的。他要为之负责的，却不是这个世界，而是天道。在孟子看来，孔子做了对天道该做的奉献，所以他是"圣之时者"。

185

一个对神圣负责的人，对时间的感觉可能和我们不同。

我们常感时光匆促。因为我们心里惦记着躲在未来某处的成功。无论怎么定义，它一定在世界之中，在可以预见的未来的某个时间点。如果可能，我们愿意把所有时间奉献给它。对我们而言，过去和此刻的生活，都在为那个可见的未来做准备。可惜，我们意志薄弱，智慧也不够。我们经常受到不相干的事的诱惑和打扰，也经常错失宝贵的时机。于是，我们自责、焦虑，到处寻找救治的办法。后来，就有了那么多应我们需求而生的所谓成功学手册。所有成功学无非谈论一件事：为了你的未来，如何从时间中榨取最大利益。

看不到永恒的人，注定只能盯着未来。我们的时间，以及我们自己，都是未来的祭品。这就是我们这个时代的焦虑。心存神圣的人，会从容许多。他也期盼更好的未来，但他不会拿未来胁迫生命。神圣即永恒。在永恒的天平上，三百年并不比一辈子更轻，也绝不会更重。他也想为未来而努力，但他不会贬低自己。他珍视时间，不是为了投资未来。他要做的，是用独一无二的此生、此刻向永恒致敬。子在川上曰："逝者如斯夫。"子还曰："发愤忘食，乐以忘忧，不知老之将至。"

投资未来的人，时刻担心错失时机。心存神圣的人，不替自己的未来搜捕时机，他自己就是回应神圣的独一无二的时机。

在哪个时候，你选择与自己和解

晔卡

偶尔回头看看，发现自己这些年的成长，其实就是一个不断与自己斗争再到和解的过程。在这个过程中，我不断推翻自己、否定自己。但在某个瞬间我突然明白，其实人首先应该学会的是放过自己。当我决定不再抱着执念僵持或挣扎，与自己和解的时候，忽然发觉阳光明媚，万物可爱。

我第一次选择与自己和解是在高考前。高三时，我的成绩一直在退步，经历了3次模考，我从原本的年级第30名，掉到了第50名、100名、200名。高考前最后一次模拟考试，满分150分的数学试卷，我只考了60多分。看着卷子上令人一筹莫展的红色叉号，我觉得自己的人生仿佛被这几道数学题审判了。

那个时候，我每天熬夜做题到凌晨一两点，早上六点就起床上自习。我的心态逐渐崩溃，身体越来越差，成绩排名只退不进。最后一次模考成绩公布的那天，我一个人没出息地哭到了凌晨。哭完后，我决定当晚不再做题，给自己倒了一杯橙汁，一个人搬着小凳子来到出租屋的阳台。

已经是凌晨，除了楼下的小猫偶尔叫两声，还有偶尔传来的火车鸣笛声，再没有其他声响。远处的街灯忽明忽暗，整个世界仿佛只剩下我一个人，万物静默如谜。我抬头看到天空上点缀了好多星星，忽然想到小时候在乡下姥姥家，每个晚上都会躺在姥姥腿上抬头看星空，给星星取名字，编一些属于它们的故事。现在天天埋头做题，好久没有抬头看，都快忘了星空是什么样子。

我忽然想，不会做数学题又怎样？考不上心仪的大学又怎样？承认自己是个笨蛋又怎样？没有人规定我不能做个笨蛋啊！我也不过是这点点繁星中的一颗罢了。没错，我以前成绩是好，现在成绩虽不那么好了，可我依然是我自己，爱我的人不会因为我成绩差就不爱我了。退步就退步吧，有什么可哭的？既然已经尽力了，何苦天天以泪洗面，还不如让自己开心些。

夏夜的风真的好温柔，它缓缓吹过我肿胀的双眼，我感到一丝久违的舒畅。这是我第一次选择与自己和解。一念放下，万般自在。经过和自己长时间的斗争后，我决定接受自己的平庸。从那天一直到高考前，一个多月的时间里，我不再熬夜，不再为了节省时间学习而不吃晚饭，不再过量做题。情绪不好时就去阳台上喝喝橙汁，吹吹风，看看星星。

可能因为最后一个月精神状态良好，高考反而发挥得挺好，我顺利考上了还不错的大学。后来每次回想起来，我都庆幸自己没有硬扛，降低了一直以来对自己的期待，甩掉了所谓的好学生包袱，放下了非要出人头地的执念，一切却顺利得出乎意料。

最近一次与自己和解，发生在几个月前。临近保研，我向几所目标院校投递了简历。投递结束后，我随意点开邮箱检查发过的邮件时，却发现了一个致命的问题：在投递给两所学校的材料中，我把最为重要的排名证明弄错了。

投递截止日期已经过了，我直冒冷汗，陷入深深的绝望。伤心了一个上午后，我终于决定与自己和解。我安慰自己：弄错排名确实太大意了，但在连续工作了 12 小时的情况下，出现这种错误在所难免，下次吸取教训便是。

就这样，我原谅了自己，并决定给紧张的神经放个假。我点了很多炸串后就去追剧了，郁闷的情绪逐渐消除。最终幸好没有造成特别大的影响，我收到面试通知后联系了老师，解释清楚并改正了原来的错误。

　　很多人容易钻进自我设定的牛角尖。其实，我们的一生很长，不要用一两次的得失套牢自己，不要用单一的标准评价自己，不要一直和自己僵持着角力。做个且行且歌的旅人，而不要把自己逼成苦大仇深的斗士。

成长，就是成为自己的过程

刘 斌

如果有一天，我把我的中学时代写成一本回忆录，吴颂无疑是这本书中最独特的一笔。从初中到高中，吴颂连任五届学生会主席，把学校里大大小小的活动主持得风生水起。当我们为了校三好学生争得头破血流时，他轻轻松松地就获得了省三好学生的荣誉。他走在聚光灯下，也走进了我们的视野。

高二暑假，学校组织学生会成员下乡进行社会实践。一路上，吴颂表现出强大的领导才能，他带着我们熟悉村寨，熬夜到凌晨。下乡结束后，身为宣传委员的我需要在全校大会上汇报实践情况。距离上台只剩一个小时的时候，我突然发现存在电脑里的发言稿不翼而飞了。操场上的身影愈来愈密集，我的眼泪不可阻止地掉下来。"哭什么哭？你是小学生吗？"吴颂接过电脑，双指在键盘上"噼里啪啦"地快速敲打起来，我的情绪虽已跌落到谷底，眼泪却像关水龙头一样瞬间止住了。10分钟后，丢失的文档重新出现在电脑桌面，我这才发现，眼前的男孩早已熟练地掌握了各种办公软件。

我们升入高三那年，老校长退休。新校长十分痛恨"权力终身制"，上任第一周便大力整顿学生会，选拔方式也主张民主选举，一改往日的直接任免制。学生会主席选举这天，在十几个候选人里，我第一眼便看见吴颂，他站在队伍最前方，像一棵笔直的白杨。可惜，票选结果却出人意料，面对少得可怜的得票，吴颂眼里跳动的光芒倏地黯淡了，如陨落的星辰，再无法返回天宇。他往昔的"铁面无私"早已让他丧失民心，终于，在同学们的联合"起义"中，他的大权旁落了。

我永远记得那个以半票优势当选的男生，他的双手局促地背在身后，五官轻描淡写得像生硬的简笔画，拿一块橡皮就能擦掉似的，整个人如一株群居的水生植物，普通、绿色、无害。生物有着趋利避害的本能，动物世界尚且崇尚实力优先，人类却往往只愿偏向好好先生。生活有时真的很荒诞。

夏季的傍晚，天空铺满了疲倦的暗红色云霞。"我没有关系。"吴颂突然回头，温和、冷静地拒绝了我酝酿已久的安慰，说道："观众会选择感兴趣的演员，演员也是会选择趣味相投的观众的。好演员从来不会迎合大众的喜好去表演。"我似懂非懂地点点头。他露出少见的笑容，身影逐渐消失在夕阳中。

失去学生会主席的光环后，吴颂主动辞去了学生会的一切职务，日夜与书本打交道。他依旧没有什么朋友，原本热闹的社交媒体被清空，白得像二月的雪。人们都在等着看一代"枭雄"没落的好戏，可他眼里的故事都上了锁，让人读不出一丝情绪。他像一匹沉默、孤傲的狼，从我们的视野中渐渐淡去。

天气一天比一天冷，连绵不绝的冷雨一层层卸去树的浓妆，露出直面天地的素颜。学校开始筹办一年一度的元旦晚会。元旦晚会是我们学校每年的重头戏，这天，市电视台等媒体的记者都会来现场采访、录像，每个人都使出看家本领，希望能有一个短暂的镜头。往昔，蝉联三年"主持人"宝座的吴颂常常因为排练的需要，在我们羡慕的目光中光明正大地缺课，潇洒地在演奏厅和教室之间来回穿梭。

傍晚，今年元旦晚会的主持人名单正式公布了，公告栏前立即就围满了人。"今年主持人怎么不是吴颂了？他主持得很好呀！""总要换换新气象嘛，我倒是很期待新主持人的表现。"人群中不时传来惊叹、惋惜、欢呼……一波又一波，海浪似的很快就把我的耳朵灌满了。我的胳膊被人撞了一下，回头刚好看见好不容易从外围挤进来的吴颂。他尴尬地朝我微笑，眼神像躲闪的小鹿。

元旦这天，大家交换了从家里带来的零食，三三两两地讨论着晚上的节目。吴颂伏在桌子上，头埋得很低很低，像一条游弋在深海的鱼，好像一旦浮出水面，立马就会死亡。晚会开场的时间愈来愈近，教室里空荡荡的，吴颂依旧保持着刚才的那个姿势一动不动。经过林荫道时，我忽然想起来忘了戴眼镜，折回教室时，看到吴颂正站在窗旁，面朝着那个张灯结彩的方向，斑斓的灯火在他脸上投下或明或暗的光，夜色渐渐抹去窗台的轮廓，他的背影随着月色隐没。

夏天刚刚开始，高考就轰轰烈烈地来了。考试、查分数、填志愿……短短几个月，竟漫长得如同一个世纪，让人回想一遍都疲惫不堪。公布光荣榜那天，原本阴雨绵绵的天空突然放晴，透过拥挤的人群，我看见光荣榜第一位赫然写着"吴颂"二字。这个被灰尘掩埋的名字，时隔一年，竟以最灿烂的方式重新登场，像那枝开在悬崖绝壁的红梅，有着横扫整个寒冬的美。

上大学后，我开始写一些文章并尝试着投稿或参加征文比赛。记不清奋笔疾书了多少个日夜，我终于像那些年的吴颂一样，站在我曾经做梦都渴望的舞台上，大大小小的奖拿到手软。同样，质疑声也纷至沓来。聚光灯下的我，像一个妆容厚重的新演员，脸上的每一处瑕疵、每一个微小的动作都被高清相机放大千百倍，我只好不断地用微笑来掩饰我内心的胆怯与不安。

"观众会选择感兴趣的演员，演员也是会选择趣味相投的观众的。好演员从来不会迎合大众的喜好去表演。"一别经年，再想起吴颂的话，多多少少有些"初闻不知曲中意，再听已是曲中人"的意味。我终于疲倦于时刻活得像一本三好学生手册，于是静下心来，心无旁骛且笃定地沿着自己的轨道奔跑。愿来者自来，当我不再抱着刻意取悦他人的交友心态，并肩前行的人反而渐渐多了起来。

　　生活是个只对小部分人开放的剧场，我们没有办法迎合所有的观众，却有足够的能力取悦本心。成长，就是不断成为自己的过程——这，是我在整个兵荒马乱的青春里，学到的最好的道理。

开始慢点，赢在终点

韩大爷的杂货铺

初中时的一次历史考试，复习时间只有 15 天。

我对这类科目倒是挺感兴趣的，但特别讨厌背知识点。

然而要命的是，考试就考知识点，书上印的也都是知识点，老师考前还不给划重点。

当时我想，我背不完，别人也背不完，既然大家注定都考不好，那就干脆不复习了。

于是当大伙用双手捂住耳朵，嘴角唾沫横飞地"念经"时，放任自流的我只把书左右翻着玩。

我翻来翻去，突然觉得上了一个学期的课，这本书一共有几章、每章讲的是啥都不知道，也是挺遗憾的。

既然已经对考试不抱什么希望了，那就干脆用这最后的几天，梳理一下整本书的脉络吧，也算有头有尾。

当时也不懂怎么梳理，只是傻乎乎地抄目录，把每个单元的标题抄在了一张纸上。不知道为啥，写完之后感觉脑子清楚了一点。于是又把每个单元下面每一节的题目再抄下来，抄完后脑子更清楚了。于是一鼓作气，把每一节内

194

容的每个小标题，以及这个小标题下大致讲了哪几个点，工工整整地抄在了那张大白纸上。白纸被填满，感觉心里像有了一张大地图，一些点之间还能搭建起关联来。

那时距离考试只剩三四天，大伙背得头昏脑胀，但也生生背完了一大半，而我手里就只有这一张大白纸，但我感觉自己可以搏一搏。

时间有限，只能抓重点，那这么厚的一本书，到底哪里是重点呢？以前我不知道，但自从画满那张大白纸后，心里莫名地有了感觉，便把自己想象成老师，按照这感觉有侧重地看。

最后，我的历史成绩是全年级第一名。

从那以后，每当要备考历史时，我都会给自己留出几天时间，拿出一张大白纸，抄目录，抄每小节的标题，在下面标注上这一小节主要讲什么，争取做到一本书的内容在一张纸上就可以一目了然。

这种做法在当时有点格格不入，所有人都在狂背，只有我在一点点地搞自己的工程。老师说我在"绣花"，同学也劝我不要耽误时间，然而结果是，每次我的历史成绩都会在全年级领先。

这件事让我很早就明白了几个道理：

第一，当大多数人都在做同一件事的时候，并不意味着你也要去做。

第二，当所有人都陷入一种狂热，你要提醒自己冷静，给自己一个跳出来的机会，以更高更远的视角旁观。

第三，走在正确的道路上，慢也是快；走在错误的方向上，快也是慢。

高考前复习政治，坦诚地讲，这个科目对当时的我们来说真的挺难的。理论倒好理解，难就难在应用层面，尤其是选择题，4个选项跟"四胞胎"似的，看哪个都想选，一选就错，一错一大片。

当时老师叫我们搞题海战术，一天刷上百道选择题，做完就讲，讲完叫大家把错题整理在错题本上。可久而久之大家发现，错的地方会一错再错，可谓出门就上当，当当都一样。

我也是这样吗？不，我一道题都没错过，因为我一道题都没做过。

每次有题发下来，我会认认真真地读一遍题干，然后直接去看标准答案，答案说选哪个，我就把哪个选项顺着题干读一遍。

长期这么顺下来，我形成了一种和出题人一样的思维习惯，高考政治选择题拿了满分。

我当时这么复习的时候，有人说我懒，连动一下笔都不肯，可我发现，这世界上另有一种勤奋的懒惰，那就是抓过来就做，不给自己反省和思考问题本质的时间。你问他为啥，他振振有词，说不能输在起跑线上。

是啊，不想输在起跑线的人，连系鞋带都觉得是在浪费时间，开枪就跑，是会领先个三五米，但会输在终点。

生活经验告诉我，越是面对重要且复杂的问题，越不能急，哪怕环境和别人再催你，你也要沉住气，给自己留下上升到宏观层面看待事物的时间与空间。

做自己的太阳，何须借助他人的光

林一芙

入学时，我上过一年的播音主持课。印象最深的一节课，是老师让我们讨论，如果主持人在台上被拖尾的礼服裙绊倒了怎么办。

讲台下的我们各抒己见。有人开玩笑说要在地上摆个造型再站起来，也有人选择抖机灵，以"在场的人太热情，我为你们的热情而倾倒了"巧妙化解。

老师听完后耐心地说："最好的方式是你什么都别做，一个人默默地站起来，把裙子拉平整，一句话都不要说。"在需要穿拖尾礼服的正式场合，那些插科打诨并不合时宜。更重要的是，你如果花很多时间去想怎么能在大家的眼里保持形象，就很可能打乱自己的节奏。哪怕你补救得再完美，陌生人也没有必要给你的挫折报以掌声。只有你默默地站起来，像什么事情都没发生过一样，才能保证之后的流程按照既定计划走下去。

一个人扛过挫折，日后反而会更轻松些。曾看过一个帖子，女主人公和闺密同时找工作，两个信心满满的女生一起讨论注意事项，互相鼓励。结果女主人公意外被拒，而闺密则顺利入职。回去的路上，闺密一直在和同行的朋友讨论新工作的待遇和环境。女主人公觉得愠怒：我是真心地祝福她，为什么她却不能真心地安慰我？

　　这个闺密的情商自然很低，她没有顾及女主人公的感受。但怎么能指望一个刚刚找到高薪工作的人去体会生活中的悲伤剧情呢？我们总以为和我们一起分享快乐的朋友也可以和我们共同分担忧伤，却忽略了感情可以提供帮助，却很难真正成为安慰。

　　人真的是一种充满惰性和依赖性的动物，越期待安慰，伤口痊愈得越慢。就算无数次痛下决心，仍期待着有人能够伸手将自己从深渊中拉出来。我们期待外力胜过期待内力，因为培养内力是个非常漫长的过程，而外力可能只需要别人的一次"顺手"相助。

　　还记得，因高考失利我只能进入一所二流高校时，我一度觉得自己的人生就快完了，很久以后我才真正释怀。当我带着行李离开大学宿舍的那一刻，锁头"咔嗒"一声落下，看到眼前的校园，我突然觉得自己似乎没有那么厌烦它了。那时候我顺利地找到了自己喜欢的工作，未来一片光明，让我不由得和大学校园挥手道别："谢谢你陪我走过这段日子。"

　　当然，我的经历比起朋友的现实状况完全是小巫见大巫。她毕业后到了陌生的城市工作，身边没有朋友，一天突然得知最疼爱她的爷爷病危，她便乘坐最近的一班火车回家。在车厢里，家人发来信息："爷爷走了。"她流不出眼泪，只能在傍晚的火车上踱步。"我从人群中走过，四面八方都是擦肩而过的人，他们叽叽喳喳的声音像是在炫耀自己的人生有多美好。"她后来这样形容当时的感觉。

　　她说自己多年后对这件事的释怀，是通过无数次的怀念。她写了很多关于爷爷的文字，这些文字让她感到心安，让她再也不怕"有一天会把爷爷忘掉"。

　　那时候，我们身边都有很多安慰我们的人，我们心怀感激，却清楚世界上所有艰难的时刻都只能随着时间的推移慢慢过去，岁月会让我们开始觉得继续痛苦毫无意义，必须自己努力将生活扳回正常的轨道。很久以后，我们接受了不能改变的，改变着可以被改变的——这大概是所有艰难时刻的归宿。

　　人之所以能朝着不同的方向成长，是因为人生的每个艰难时刻都不一样。曾经因为显山露水被打击过的，未来就会渐趋收敛；曾经因为内敛害羞而被人忽视的，便会在接下来的岁月里学做一个勇敢大胆的人。

　　倘若你不幸跌倒，我并不想劝你、哄你或是鼓励你站起来。如果我把你扶起来，再塞给你一把糖，那你永远不会知道自己在站起来的过程中会得到什么。我曾经希望自己在抱怨"我把事情搞砸了"的同时，有一个人向我哭诉他也是一样的。可后来我明白了，与其想着拉全世界下水，不如一个人挣扎，拼尽全力探出头来。也许这一次之后，你就彻底学会了游泳。